水工程移民理论与实践研究系列丛书

水利水电工程移民安置验收的实践与思考

段永峰　苏　青　主编

黄河水利出版社
·郑州·

图书在版编目(CIP)数据

水利水电工程移民安置验收的实践与思考/段永峰,苏青主编. —郑州:黄河水利出版社,2018.1
(水工程移民理论与实践研究系列丛书)
ISBN 978-7-5509-1935-8

Ⅰ.①水…　Ⅱ.①段…②苏…　Ⅲ.①水利水电工程-移民安置-研究-中国　Ⅳ.①D632.4

中国版本图书馆 CIP 数据核字(2017)第 324247 号

组稿编辑:张倩　　电话:13837183135　　QQ:995858488

出 版 社:黄河水利出版社
地址:河南省郑州市顺河路黄委会综合楼 14 层　邮政编码:450003
发行单位:黄河水利出版社
发行部电话:0371-66026940、66020550、66028024、66022620(传真)
E-mail:hhslcbs@126.com
承印单位:河南匠之心印刷有限公司
开本:787 mm×1 092 mm　1/16
印张:15
字数:261 千字　　印数:1—1 000
版次:2021 年 5 月第 1 版　　印次:2021 年 5 月第 1 次印刷

定价:40.00 元

《水利水电工程移民安置验收的实践与思考》编写组

主　编　段永峰　苏　青

副主编　阎国平　史建筑　宋　波

丛书总序

水是生命之源、生产之要、生态之基。水利是现代农业建设不可或缺的首要条件，是经济社会发展不可替代的基础支撑；水电是国家能源安全保障的重要组成部分。中华人民共和国成立以来，我国建设了9.8万多座水库，其中大中型水库4 700多座。大规模的水利水电开发在推动国民经济发展和社会进步的同时，也产生了数以万计的水库移民。受多种因素的综合影响，水利水电工程移民问题已成为一个事关社会和谐与稳定发展的重大问题，是一道世界级难题。

20世纪80年代以来，水利水电工程移民问题日益受到党和政府的重视以及社会的关注，移民理论研究从一般关注到广泛研究，从单纯的工程视角探讨到从社会、经济、政治等多视角研究，大量的实践促使移民理论和政策研究的发展和成熟，取得了丰硕的研究成果，并后来居上，如今处于世界领先水平。

黄河水利委员会移民局（简称黄委移民局）是水利部直属事业单位，是国内较早参加水利水电工程移民工作实践、开展移民理论研究的单位之一，其下属的河南黄河移民经济开发有限公司是水利部审批的第一批具有水利水电工程移民监理、监评资质并开展相关咨询业务的单位。

自1996年承担世界银行贷款进行黄河小浪底水利枢纽工程移民监理以来，黄委移民局及所属公司在水利水电工程征地移民监理监评领域不断探索创新，在理论、实践等方面积累了大量经验，一直处于行业前列，并在全国首创了水利水电工程移民监理理论，促进了移民监督评估工作的推行和发展。通过委托或招标投标的方式承担了征地移民监督评估、移民监理、监测评估、验收服务、课题研究等项目，凭借敬业的工作精神、优秀的工作业绩、丰富的理论成果，开拓了市场，锻炼了队伍，赢得了广泛赞誉。

多年来，黄委移民局及所属公司承担的项目不仅有为治理黄河服务的项目（黄河小浪底水利枢纽工程、黄河万家寨水利枢纽工程、黄河下游防洪工程），也有黄河流域外的项目（南水北调中线、东线项目等国家重点工程)，还有嫩江尼尔基水利枢纽、湖北汉江航电枢纽等省部级项目。既有在建水利水电工程项目，也有大中型水库移民后期扶持项目；既有水利水电移民业内项目的监督评估、监理监评，也有美国雪佛龙公司与中国石油天然气集团公司联合开发的川东北天然气工程移民第三方监督项目。承担的项目东抵黑龙江抚远，西到新疆伊犁，北起黑龙江漠河，南至广西北海，项目区遍布全国各地。

通过多方位的实践与探索，在巩固拓展监理监评业务的同时，积极开拓移民综合咨询业务。先后参与了水库移民后期扶持项目评审、移民避险解困方案编制、移民村强村富民规划编制、移民后期扶持"十三五""十四五"规划编制。此外，努力拓展水利水电移民相关行业业务，先后受水利部水库移民司(原水利部水库移民开发局)委托，承接了贵州铜仁社会主义新农村建设水利扶贫监测评估、贵州毕节水利重点扶持项目监测评估等水利部定点扶贫监测评估。

作为水利水电工程移民领域的领跑者，多年来，黄委移民局高度重视理论和政策研究。受国家有关部委委托，独立或参与编写了《大中型水库移民后期扶持政策实施情况监测评估工作纲要(试行)》《水利水电工程移民安置监督评估规程》(SL 716—2015)、《水利水电工程移民术语》(SL 697—2014)、《大中型水库库区和移民安置区基础设施建设和经济发展规划编制规程》(SL 735—2016)、《水利扶贫工作考核办法(试行)》《水库移民工作稽察手册》等多个行业规程规范，用以指导行业工作；完成了大中型水利水电工程移民安置监督评估问题研究、大中型水利水电工程移民远迁后淹没线上剩余实物处置问题研究、大中型水库移民后期扶持相关规划实施配套制度框架体系研究、移民条例实施细则研究、大中型水库移民后期扶持政策实施监测评估研究和工作手册编制、全国"十一五"及"十二五"大中型水库移民后期扶持规划编制、水库库区和移民安置区基础设施建设和经济发展规划编制、贫困地区水利人才培训规划(2015~2020年)编制等工作。同时，受地方委托，完成了《河南省南水北调丹江口库区移民安置验收工作实施细则》《河南省南水北调丹江口库区移民安置总体验收工作实施细则》《陕西省大中型水库移民后期扶持政策实施情况监测评估手册》《新疆伊犁州大中型水利水电工程征地补偿和移民安置管理实施细则》等省市级制度拟定，以及"东平县东平湖移民产业扶持与可持续发展研究"等课题任务。

为了进一步推动水利水电工程征地移民及相关工作实践、理论研究向前发展，黄委移民局决定以“水工程移民理论与实践研究系列丛书”（原为“水工程移民和水利扶贫研究系列丛书”）形式，将近年来单位有关理论研究成果予以出版，以供国内外从事水利水电工程征地移民和水利扶贫研究的学者、管理人员、从业人员交流学习和参考使用。

水工程移民理论与实践研究系列丛书编委会

2021 年 5 月

前　言

中华人民共和国成立以来，我国兴建了一大批水利水电工程，在防洪、发电、灌溉、供水、生态等方面发挥了巨大效益，有力地促进了国民经济和社会发展，水利水电工程移民为此作出了重大贡献。

党中央、国务院历来高度重视水利水电工程移民工作，始终把移民群众的生产生活和长远发展放在十分重要的位置。在认真总结过去移民工作经验的基础上，国家实行了开发性移民方针，把工程建设与改善移民群众生产生活条件有机结合起来，在党中央、国务院的关怀、支持和国家有关部委的指导下，制定了一系列有利于水利水电工程移民搬迁安置和生产发展的法规政策，对水利水电工程移民安置规划、移民安置实施、后期扶持和遗留问题的处理等进行了规范、完善，维护了水利水电工程移民的合法权益，切实解决了移民搬迁安置后生产生活中存在的实际困难和问题，有力促进了水利水电工程建设的顺利实施。

移民安置是水利水电工程建设的重要组成部分，是一项复杂的系统工程，涉及经济、政治、文化、社会、法律、工程、自然、地理、心理等众多领域和学科。移民安置管理工作直接关系到移民政策贯彻落实，关系到移民群众切身利益，关系到工程建设顺利进行，关系到区域社会和谐稳定。随着经济社会和水利水电事业的高质量发展，水利水电工程建设任务更加繁重，征地补偿和移民安置投资占工程总投资比重越来越高，移民安置难度越来越大，移民安置任务更加艰巨。因此，切实提高移民安置管理能力和水平，确保妥善安置移民，是保护移民合法权益的必然要求，是构建社会主义和谐社会的客观需要，是推进水利水电事业健康发展的重要保障。

移民安置达到阶段性目标或移民安置工作完成后，对移民安置规划的实施情况进行检查和验收，是确保移民得到妥善安置、保障移民生命财产安全、维护移民合法权益的一项重要管理手段。在坚持以人民为中心的发展思想背景下，做好移民安置验收工作具有重要意义。对移民安置验收工作具有重要意义。

根据《大中型水利水电工程建设征地补偿和移民安置条例》(国务院令第471号)及相关法律、法规,水利部印发了《大中型水利水电工程移民安置验收管理暂行办法》(水移〔2012〕77号)和《水利水电工程移民安置验收规程》(SL 682—2014),极大地提升了水利水电工程移民安置验收管理的法制化、规范化和专业化水平,对于加强水利水电工程移民安置验收管理,规范验收行为,保证验收质量,维护国家、集体和移民个人的合法权益,促进水利水电事业健康发展具有重要意义。

本书共分十五章,从水利水电工程移民安置工作概述、水利水电工程移民安置验收制度、水利水电工程移民安置验收准备、县级移民实施管理机构的验收工作内容、县级以上移民实施管理机构的验收工作内容、项目法人的验收工作内容、规划设计单位的验收工作内容、监督评估单位的验收工作内容、验收组织和主持单位的工作内容、验收专家组的工作内容、验收技术服务、移民安置验收监督、实例等方面进行了实践总结和深入思考。

依据《大中型水利水电工程移民安置验收管理暂行办法》(水移〔2012〕77号)和《水利水电工程移民安置验收规程》(SL 682—2014)等规定,移民安置验收可分为工程阶段性移民安置验收和工程竣工移民安置验收,其中工程阶段性移民安置验收是指枢纽工程导(截)流、水库下闸蓄水(含分期蓄水)等阶段的移民安置验收。移民安置验收应当自下而上,按照自验、初验、终验的顺序组织进行。由于工程阶段性移民安置验收与工程竣工移民安置验收有许多相似之处,本书侧重于工程竣工阶段移民安置验收工作,移民安置竣工验收是对水利水电工程移民安置各项工作的综合性验收。

编者参与了嫩江尼尔基水利枢纽工程竣工移民安置验收、南水北调中线干线征迁安置验收、黄河下游防洪工程征地移民验收、黑龙江省三江治理工程建设征地补偿和移民安置验收、黑龙江省诺敏河阁山水库移民安置验收、黄河海勃湾水利枢纽工程竣工移民安置验收、河南省信阳市出山店水库移民验收等项目,编写本书旨在贯彻执行《大中型水利水电工程移民安置验收管理暂行办法》(水移〔2012〕77号)和《水利水电工程移民安置验收规程》(SL 682—2014),在总结部分水利水电工程移民安置验收经验的基础上,就如何做好水利水电工程移民安置验收工作进行了梳理和思考,希望为广大水利水电移民工作管理者和研究学者提供有益借鉴,更希望对将来开展的移民安置验收项目提供帮助,使移民安置验收真正成为各方必须开展、规范开展、积极开展、顺利开展的一项重要工作。

由于水利水电工程征地移民涉及范围广、内容多,限于编者的水平,书中难免有不妥之处,敬请同仁和有志于研究水利水电工程移民的广大读者批评指正。

编　者

2021 年 5 月

目　录

第 1 章　水利水电工程移民安置工作概述

1.1　水利水电工程移民概述

移民是人类社会发展的必然结果,与社会进步和发展紧密相连。移民一般分为自愿移民和非自愿移民两类,非自愿移民的安置比自愿移民的安置更为艰巨、复杂,涉及社会、政治、经济、文化、宗教、环境、技术等诸多方面。

由工程建设所引起的非自愿移民通常称为工程移民,包括水利、电力、铁路、公路、机场、城建、工业、环保等行业。

水利水电工程移民是工程移民中的一种。水利水电工程移民是指因兴建水电站、水库、河道、堤防、水闸、泵站、排水、灌溉、调水等工程建设而引起的一定数量的、有组织地征用土地、房屋拆迁、人口迁移和社会经济系统重建活动的总称。水利水电工程移民项目区多处偏僻农村、山区,征地、拆迁涉及的移民数量比较大,往往涉及整村,甚至整乡人口大规模的迁移与社会经济系统的重建,而且还伴随着大量的城(集)镇、居民点、工矿企业、专项设施的迁复建,移民生产就业安置难度大,比交通、城建、工业等移民涉及面更大、范围更广、人口更多,工程建设淹没的实物更多、征地移民任务更重。

我国水资源总量十分丰富,达 2.8 万亿 m^3。但是,由于人口众多,人均占有水资源量仅 2 300 m^3,仅为世界人均水资源量的 1/4,加上水资源时空分布极不均衡,导致我国成为一个水旱灾害频繁发生的国家。为保证社会生产和人民群众生活需要,我国必须修建水利水电工程,以控制水旱灾害并开发利用水资源,与此同时,不可避免地产生了大量水利水电工程移民,他们或就近后靠安置,或投亲靠友分散落户,或集中跨乡、跨县、跨省远迁重建家园。

中华人民共和国成立以来,我国进行了大规模的水利水电基础设施建设,取得了举世瞩目的巨大成就,为经济社会发展、人民安居乐业作出了突出贡献。全国建成9.8万多座水库,形成5 000亿 m^3 的总库容。通过水库与全国28万多km的江河堤防及98处蓄滞洪区联合调度,保护了4.1亿人口、3 300多万 hm^2 耕地、600多座城市和主要铁路以及交通干线的防洪安全,初步控制了大江大河的常遇洪水;每年提供生活及工业用水300亿 m^3,灌溉农田面积1 600多万 hm^2,全国建成水电站4 700多座,总装机达6.5万MW,年发电量2 100多亿kW·h,为我国经济社会可持续发展创造了条件。总之,水利水电工程建设在防洪、灌溉、供水、发电以及综合利用等方面,发挥了巨大的经济效益和社会效益,为我国国民经济持续、稳定、快速发展提供了重要保障。

在改革开放的推动下,中央投资、中央和地方合资、跨省(区)合资以及利用外资建设的水利水电工程,引进了国内外先进的技术和管理方法,加快了水利水电工程建设进度,不断涌现良好的发展局面。

这些水利水电工程的建设,在开发利用水资源、灌溉农田和保障人民生命财产安全等方面取得了较好的经济效益和社会效益,有力地保障和支撑了国民经济的快速发展。这些成绩的取得与千百万移民贡献自己的家园而作出的牺牲是分不开的。移民问题不仅是水利水电工程移民工作者面临的课题,也是全体水利水电工程建设者尤其是各级领导面临的重要课题。

在过去多年的发展中,因修建水利水电工程淹没耕地150多万 hm^2,截至2020年底,全国大中型水库移民后期扶持人口累计2 502万人。

回顾70余年水利水电工程移民工作发展历程,结合我国移民政策颁布情况,移民安置可以分为以下五个时期。

1.1.1　第一阶段为发轫时期(1949~1957年)

这一时期,我国修建大中型水库20多座,移民30多万人,主要特点如下:

一是移民群众思想觉悟高,讲政治,服务大局意识强,热情高涨,积极支持国家工程建设。

二是处于中华人民共和国成立初期,移民工作主要靠政府通过宣传动员组织实施,各级人民政府成立专门机构负责实施移民工作。移民干部工作认真,作风踏实,进村入户帮助移民解决实际问题。

三是移民群众个人财产很少,水库淹没实物指标简单,按实物补偿,体现了“等价交换”原则。当时正值土地改革和农业合作化初期,通过划拨或调剂土地以置换受淹没土地、房屋、附属设施等基本等价补偿,物价比较稳定,移民能在较短时间内恢复发展生产。

四是库区水、电、路等基础设施基本是空白,专项设施建设项目少且由各个相关部门负责迁建。

总体上,移民思想稳定,能够得到妥善安置,很快融入当地社会,遗留问题较少。

1.1.2 第二阶段为探索时期(1958~1977 年)

我国大部分水库都是这一时期修建的,移民人数众多,占到全国水库移民总人数的一半,主要特点如下:

一是处于"大跃进"和"文化大革命"特殊历史时期,掀起了兴建水利的大规模群众运动,工程建设追求大干快上,普遍存在"重工程、轻移民""重搬迁、轻安置"的思想倾向。大多忙于工程建设,抓进度,抢工期,而把移民工作放在了次要位置。

二是移民安置工作简单化,不遵循科学原则,不按经济规律办事,主要依靠行政手段进行,实施以水赶人、先搬迁后安置的方式。有的移民多次搬迁,生产生活长期辗转不安;有的项目不顾库周资源环境容量,盲目后靠,普遍采取就地后靠安置方式,致使移民返迁、流散,甚至有的地方过着"船里住""水上漂"的生活。

三是水库移民前期工作不扎实,移民安置没有规划或规划方案简单,从事这方面工作的专业机构和专业力量很薄弱,大多限于调查淹没损失和估算补偿投资,普遍缺少可供实施的移民安置规划。有的项目即使有移民安置规划,也未能按规划付诸实施。

四是移民补偿标准普遍偏低,移民经费严重不足,人均补偿只有几百元。移民安置主要是划拨一定的土地和住房,忽视了安置区必要的水、电、路、文、教、卫等基础设施和公共设施建设。基础设施不配套且维护费用不足,造成移民群众吃水难、出行难、用电难、上学难、看病难("老五难")等生产生活困难,历史遗留问题较多。加之未考虑移民发展生产经费,致使移民不能迅速恢复原有生活水平。

这一时期形成的水库移民遗留问题最多,大约占全国水库移民遗留问题的 90%。后来,国家专门安排了财政资金解决处理水库移民历史遗留问题。

1.1.3　第三阶段为改革时期(1978~1990年)

1978年12月,以党的十一届三中全会为标志,我国进入了改革开放和经济建设新的历史时期。一大批水利水电工程相继投入建设,征地数量大大增加,人地矛盾逐渐突出,引起了国家高度重视。主要特点如下:

一是从法规上规定了征用土地必须履行的法定程序和征地补偿办法。以1982年5月14日国务院颁布的《国家建设征用土地条例》为标志,国家开始了对水库移民专项法规的研究和制定工作,提出了一系列移民安置的方针、政策和措施。

二是1984年12月31日,原水利电力部发布了《水利水电工程水库淹没处理设计规范》(SD 130—1984),该规范为全国水库淹没处理和移民安置工作迈向规范化起了重要作用。

三是提出了变单纯安置补偿为开发性移民的政策。1986年7月29日,国务院办公厅批准并转发了原水利电力部《关于抓紧处理水库移民问题的报告》,报告明确提出:"水库移民工作必须从单纯安置补偿的传统做法中解脱出来,改消极赔偿为积极创业,变救济生活为扶助生产。要使移民安置与库区建设结合起来,合理使用移民资金,提高投资效益,走开发性移民的路子。"有关部门和地方人民政府加强移民遗留问题处理,同时做好新建工程的移民安置工作,把水库移民安置工作同库区开发建设结合起来。

四是1986年在《国家建设征用土地条例》的基础上,国务院修订颁布了《中华人民共和国土地管理法》,首次明确规定了需要安置的农业人口的计算方法。

这一时期移民安置法规规范逐步形成,移民安置规划设计理论、技术初步建立,国家开始重视并着手解决水库移民遗留问题。

1.1.4　第四阶段为发展时期(1991~2005年)

以1991年2月15日国务院颁布的《大中型水利水电工程建设征地补偿和移民安置条例》(国务院令第74号,简称移民条例)为标志,我国的水利水电工程建设移民事业进入了快速发展期。

移民条例是我国第一部针对水利水电工程建设征地和移民安置制定的专项法规,初步形成了建设征地和移民安置工作制度框架,逐步完善了移民安置政策。

国家提倡和支持开发性移民方针，采取前期补偿、补助与后期生产扶持的办法，移民安置与库区建设、资源开发、水土保持、经济发展相结合，逐步使移民生活达到或者超过原有水平。先后出台了一系列有关水库移民的政策法规，对水库移民安置规划、补偿标准、安置方式、实施管理、后期扶持和遗留问题处理等进行了规范。这一时期水库移民工作取得了很大进展，移民遗留问题得到有序处理，移民安置效果明显提升，有力地维护了社会稳定，保证了水利水电工程建设的顺利进行。

1.1.5　第五阶段为深化时期(2006 年至今)

2006 年 5 月 17 日国务院颁布了《国务院关于完善大中型水库移民后期扶持政策的意见》(国发〔2006〕17 号)，2006 年 7 月 7 日国务院颁布了《大中型水利水电工程建设征地补偿和移民安置条例》(国务院令第 471 号)，这两项政策法规，标志着我国水利水电工程移民政策在新的历史条件下的成熟和完善，意义重大，影响深远，具有划时代的意义。

2017 年 4 月 14 日国务院对《大中型水利水电工程建设征地补偿和移民安置条例》(国务院令第 679 号)(简称新移民条例)进行了修订。与《大中型水利水电工程建设征地补偿和移民安置条例》(国务院令第 471 号)相比，主要变化是明显提高了征地补偿补助标准，避免了水利水电工程移民与其他工程移民的攀比心理。

新移民条例从保护移民合法权益、维护社会稳定的原则出发，明确了移民工作管理体制，强化了移民安置规划的法律地位，特别是对征收耕地的土地补偿费和安置补助费标准、移民安置的程序和方式、水库移民后期扶持制度以及监督管理工作等内容作了比较全面的规定。

新移民条例颁布实施以来，移民安置政策、管理体制机制、规划设计理论技术、实施管理模式等趋于成熟；移民居住条件、生活环境、生产条件等方面都比搬迁前有较大改善，增收渠道不断拓宽，生产生活水平逐步提高，移民获得感、幸福感、安全感全面增强。

总之，我国在过去 70 年中修建的众多水利水电工程发挥了巨大的经济效益和社会效益，同时，各级政府也在实践中不断总结经验教训，关注水利水电工程移民的生产发展和生活水平的稳步提高。根据我国国情，从中央到地方，各级政府都设置了移民工作管理机构，对移民安置工作从研究制定有关政策、编制移民安置规划，到组织实施以及移民安置后期扶持发展生产,实行了全过程的管理。特别是改革开放以来,国家对移民工作给予了前所未有的关注,先后出台了一系列有关移民安置的政策,实行了开发性移民方针,颁布了移民条例并进行了修订,对水利水电工程移民安置规划、移民补偿标准、移民安置方式以及后期扶持等方面作了比较全面的规定,并认真地组织实施,既保证了水利水电工程的顺利建设,又维护了水利水电工程移民的切身利益。

近20年,我国在兴建水利水电工程的过程中通过对移民实施搬迁安置,有效地改善了移民的住房、供水、供电、交通、文教卫生及通信等生产和生活设施条件,增强了他们发展经济的能力,提高了他们的生活水平,移民安置工作取得较好成效。例如,黄河小浪底水利枢纽工程和水口工程等水利水电工程移民安置工作已经成为世界银行推荐的利用世界银行贷款援助项目中水利水电工程移民安置的成功典范。

我国是世界上建设水利水电工程最多的国家,搬迁安置了上千万移民。由于我国政府对移民安置工作越来越重视,始终把关系移民的生存与发展问题放在重要的位置,有效地保障了移民的生存权和发展权,因此我国的水利水电工程移民安置情况总体上是好的。

在党中央、国务院的高度重视和领导下,在地方党委、政府及有关部门的共同努力下,广大移民群众积极配合,发扬自力更生、艰苦奋斗的精神,全国各地移民工作取得了较大成效。通过采取有效措施,重点解决移民群众生产生活中存在的突出问题和主要矛盾,积极扶持移民群众搞好开发性生产,移民群众的基本生产、生活条件得到明显改善,库区和安置区的基础设施条件得到进一步完善,社会公益事业有了较大发展,移民群众的生产资料逐步增加,粮食生产稳步增长,收入明显提高。在调整产业结构和促进移民增收方面,积极探索和引导移民开发商品化农业的新路子,在帮助移民群众脱贫致富等方面做了实实在在的工作,实现了建设一个工程、带动一方经济、改善一片环境、造福一批移民的良好局面,从"解决温饱问题"到"建设小康社会",再到"全面建设小康社会",到今天的"全面建成小康社会",有力地推进了库区和移民安置区社会经济的建设和发展,维护了社会的稳定。

1.2　水利水电工程移民安置管理体制

移民管理体制在不同时期有不同的形式。中华人民共和国成立初期，在组织移民搬迁时大都成立了专门机构负责移民安置工作。在“文化大革命”时期，多数移民机构被迫停止工作或被撤销。

随着水利水电工程建设步伐加快，出现了大量征地和移民搬迁，移民管理工作中普遍存在着政出多门、多头管理、职能不明、责任不清、力量薄弱、监管不力等问题，影响了工程建设的顺利进行和移民安置的按期完成。

按照全面推进依法行政、建立权责明确、行为规范、运转协调、监督有效的行政管理体制的要求，《大中型水利水电工程建设征地补偿和移民安置条例》(国务院令第471号)和新移民条例均规定，移民安置工作实行“政府领导、分级负责、县为基础、项目法人参与”的管理体制。

统一、明确的管理体制是移民工作顺利开展的组织保障。移民工作是典型的社会管理，属于政府职能范畴，而且，水利水电工程移民是非自愿移民，影响面广，关系到国计民生和社会稳定，不能完全按照市场化的模式运作。因此，移民安置工作必须实行政府领导。大中型水利水电工程移民工作往往跨越县级以上行政区域，所以要分级负责。多年实践证明，移民工作应以县为基础，县级政府是移民工作的责任主体、实施主体和工作主体。项目法人作为工程建设投资主体和责任单位，应参与移民工作。

建立全国统一、高效权威的移民管理机构，是做好水利水电工程移民安置工作的重要保障。尽管移民条例明确了国务院水利水电工程移民行政管理机构负责全国大中型水利水电工程移民安置工作的管理和监督。但至今没有统一规定移民管理机构设置办法，各省、自治区、直辖市根据本地区移民安置工作需要，设置或指定专管机构。

水利工程的移民管理职责归属于水利部水库移民司(原水利部水库移民开发局)，水电工程的移民管理职责归属于国家发展和改革委员会(国家能源局)，同时国家对特大型水利水电工程项目专设有单独的机构，统筹管理工程建设和移民安置工作。在有移民任务的地方，地方政府均设置有各类专职机构，负责履行地方政府对移民工作的管理职责。相比其他行业而言，在移民管理体制方面，水利水电行业更加专业、更加精细。

为贯彻落实党中央关于加快水利改革发展的决策部署，全面提升水利工程移民安置管理的法制化、规范化和专业化水平，妥善安置移民，维护库区社会和谐稳定，推进水利事业科学发展，2014年4月，水利部印发了《关于加强大中型水利工程移民安置管理工作的指导意见》。水利部积极做好指导意见的贯彻实施，全面加强大中型水利工程移民安置管理工作，建立权责明确、部门协调、保障有力、监管有效、工作顺畅的移民安置工作新格局，保障水利水电事业健康发展，促进区域经济社会协调发展。

移民安置涉及地方政府、项目法人、移民群众三者之间的利益取向，各方都有利益最大化的预期，依法依规妥善协调处理各方的利益关系是移民安置工作的核心要务。近年来，国家高度重视移民工作，国务院和水利部、国家能源局等相关部委制定了一系列移民工作法规、政策、规程、规范等管理制度和技术标准规定，在推进建立健全移民法规政策和加强规范管理等方面取得了明显成效。

至此，我国形成了较为完善的移民工作管理体制，不断落实移民工作责任制。现以黄河小浪底水库移民、南水北调工程移民和黄河海勃湾水利枢纽工程移民为例，简述移民管理体制情况。

1.2.1 以黄河小浪底水库移民管理体制为例

黄河小浪底水利枢纽工程是我国"八五"期间建设的特大型水利工程，同时又是世界银行贷款工程。根据项目管理需要和我国工程移民的特点，建立了"水利部领导、业主管理、两省包干负责、县为基础"的管理体制。水利部为项目的领导单位，负责小浪底移民工作的宏观管理与协调工作；小浪底水利枢纽建设管理局(简称建管局)为项目业主单位，下设移民局负责处理日常事务，河南、山西两省以及有移民任务的市、县都成立了移民局(办)，具体负责组织移民搬迁安置实施工作。建管局移民局在前期工程开始4年后的1994年才开始组建，此时，施工区移民搬迁安置工作已基本完成。施工区移民工作是由黄河水利委员会移民局负责的，当时他代表水利部行使业主职能，是黄河水利委员会下属机构。

1994年初，水利部组织召开小浪底水利枢纽工程工作会议，将移民管理职能划归建管局，成立建管局移民局具体负责小浪底移民管理工作。1994年底，水利部正式批准该机构，从此，建管局移民局正式替代黄河水利委员会移民局行使移民业主的管理职能。

1.2.2　以南水北调工程征地移民工作管理体制为例

国务院批准的《南水北调工程建设征地补偿和移民安置暂行办法》和国务院南水北调工程建设委员会第二次会议明确,南水北调工程建设征地补偿和移民安置工作,实行"建委会领导、省级政府负责、县为基础、项目法人参与"的管理体制。

1.2.3　以黄河海勃湾水利枢纽工程移民管理体制为例

黄河海勃湾水利枢纽工程移民安置工作实行"政府领导、分级负责、县为基础、项目法人参与"的管理体制。县级政府是移民安置工作的责任主体、实施主体。乌海市海勃湾区、乌达区、海南区和阿拉善盟阿拉善左旗、阿拉善经济开发区成立领导机构,设立专门的移民管理机构具体负责移民安置工作。

此外,三峡工程移民安置工作依据《长江三峡工程建设移民条例》(国务院令第 126 号),实行"中央统一领导、分省负责、县为基础"的管理体制,国务院三峡工程移民开发管理机构主管三峡工程的移民安置工作,湖北省、重庆直辖市(当时属于四川省)人民政府负责本省区的三峡工程移民安置工作,并根据需要设立三峡工程移民开发管理机构,三峡工程淹没区、安置区所在的市、县人民政府负责本市、县的三峡工程移民安置工作,并根据需要设立三峡工程移民开发管理机构。2018 年新的一轮机构改革将三峡建设管理工作归入水利部,三峡移民工作也归口水利部管理。

目前,各级政府高度重视移民安置工作,不断加强对移民工作的管理,明确了"政府领导、分级负责、县为基础、项目法人参与"的移民工作管理体制,确保了移民安置工作和工程建设顺利推进。

1.3　水利水电工程移民安置政策

新中国成立以来,1953 年政务院颁布了《关于国家建设征用土地办法》,1958 年进行了修订。党的十一届三中全会之后,我国对土地征收政策作了较大修改,并颁布了《国家建设征用土地条例》。1986 年全国人大颁布了《中华人民共和国土地管理法》,该法基本沿用了《国家建设征用土地条例》对土地征收的基本规定,成为我国土地征收工作的基本依据,并分别于

1998 年 8 月、2004 年 8 月、2019 年 8 月进行了三次修订。

党的十一届三中全会以前，我国没有针对水利水电工程土地征收颁布专门的法律法规。党的十一届三中全会以后，我国实行改革开放政策，并以经济建设为中心，经济发展速度明显加快。同时期，水利水电工程建设也进入快速发展时期，面对多年来我国水库移民遗留的历史问题，国家开始积极地研究水库移民相关政策和法规。

1984 年，水利电力部颁布了《水利水电工程水库淹没处理设计规范》(SD 130—1984)；1986 年，水利电力部颁布了《水库库底清理办法》，同年，水利电力部水利水电规划设计院制定了《水利水电工程水库淹没实物指标调查细则》。1986 年国务院办公厅批转了水利电力部《关于抓紧处理水库移民问题的报告》(国办发〔1986〕56 号)，1987 年水利电力部印发了《关于加强水库移民工作的通知》等文件，为水利水电工程建设征地和移民安置政策的出台提供了依据。

1991 年，国务院颁布了《大中型水利水电工程建设征地补偿和移民安置条例》(国务院令第 74 号)，第一次以行政法规的形式把水利水电工程移民纳入法制轨道，这是我国水利水电工程移民第一部专用性法规，它改变了水利水电工程移民工作无法可依的局面，有力地推动了水利水电工程移民工作的法制化建设，是历史性进步，为做好移民工作发挥了重要作用，使移民工作发展到了一个新的阶段。

1993 年 6 月，为了适应特大型水利水电工程三峡工程移民安置工作需要，国务院以第 126 号令发布了《长江三峡工程建设移民条例》，2001 年国务院以第 299 号令重新公布并于 2011 年进行了修订。

随着 1998 年和 2004 年《土地管理法》的两次修订，1991 年颁布的《大中型水利水电工程建设征地补偿和移民安置条例》已经不能适应水利水电工程建设征地移民发展需求，2006 年 7 月国务院以第 471 号令修订颁布了《大中型水利水电工程建设征地补偿和移民安置条例》，2017 年 4 月国务院以第 679 号令修订颁布了《大中型水利水电工程建设征地补偿和移民安置条例》(简称新移民条例)。新移民条例对水利水电工程移民安置政策做了更全面、更具体的规定，体现了以人为本、维护移民基本权益的精神。大中型水利水电工程移民工作朝着法制化、规范化的方向迈进了一大步，移民管理机构职能得到有效加强，移民配套政策和管理制度不断完善，监督管理机制不断健全，移民安置工作进一步规范，切实保障了移民合法权益，提高了移民生产生活水平,维护了库区稳定,促进了地方社会经济发展,确保了水利水电工程建设顺利推进。

1.3.1　移民安置方式

依据新移民条例第十一条:编制移民安置规划应当以资源环境承载能力为基础,遵循本地安置与异地安置、集中安置与分散安置、政府安置与移民自找门路安置相结合的原则。

(1)本地安置。一般指在本县区域内安置移民,可分为本村安置、本乡安置与本县安置。

(2)异地安置。一般指跨越县级行政区安置移民,可分为省内跨县安置和跨省安置。

(3)集中安置。一般指农村移民搬迁后,在移民安置区新建独立的农村集体经济组织或村民委员会,相对集中安置移民的方式。

(4)分散安置。一般指农村移民搬迁后,分散插迁到移民安置区已有的农村集体经济组织或村民委员会,相对分散安置移民的方式。

(5)政府安置。一般指移民搬迁到政府规划的安置地进行安置的方式。

(6)移民自找门路安置。一般指经县级以上人民政府批准,移民自愿采取投亲靠友等方式,自行选择安置地的安置方式。

基于农业农村发展的新形势,结合党中央近年来提出的推进农业供给侧结构性改革、农村改革、乡村振兴战略等措施,养老保险安置、带地入股移民安置、多样化组合安置等创新模式应运而生。

1.3.2　移民安置政策

我国水利水电工程移民安置工作,经过长期的不断摸索与社会实践,移民安置政策得到逐步完善和提高。各地根据当地资源情况,因地制宜,实事求是,采取多种形式安置移民,取得了较大成绩。特别是改革开放以来水利水电工程建设的移民搬迁安置,使移民搬迁后的生产生活条件,如住房、交通、供电、供水、文教、卫生及通信设施等得到了很大的改善。水利水电工程建设给这些地区的经济发展带来了机遇,大大促进了这些地区经济社会的全面发展。在实施水利水电工程移民搬迁安置过程中,积极探索移民搬迁安置的途径,采取不同的政策措施,走出了具有中国特色的移民之路。

归纳水利水电工程移民安置政策主要有以下几种。

1.3.2.1 经济补偿补助政策

实施移民搬迁安置给予合理的经济补偿是保障移民的合法权利，是使移民有基本的生存权和发展权最重要的手段之一，是移民恢复和发展生产的物质基础。对移民的经济补偿应以恢复移民原有生活水平并具备可持续发展条件，达到使移民搬得出、稳得住、能发展、可致富的目标。

移民条例第二十二条：大中型水利水电工程建设征收耕地的，土地补偿费和安置补助费之和为该耕地被征收前三年平均年产值的 16 倍。土地补偿费和安置补助费不能使需要安置的移民保持原有生活水平、需要提高标准的，由项目法人或者项目主管部门报项目审批或者核准部门批准。征收其他土地的土地补偿费和安置补助费标准，按照工程所在省、自治区、直辖市规定的标准执行。

新移民条例第二十二条：大中型水利水电工程建设征收土地的土地补偿费和安置补助费，实行与铁路等基础设施项目用地同等补偿标准，按照被征收土地所在省、自治区、直辖市规定的标准执行。

可见，经济补偿补助政策是主要的移民安置政策，补偿标准也在逐步提高。

1.3.2.2 大农业安置政策

大农业安置主要是通过调剂土地、开发荒地、滩涂等手段进行安置。基本上是将土地补偿费和安置补助费统一交由移民安置地县级或乡级地方人民政府，集中用于为移民购买土地、山林、水面，为移民发展生产创造必要的条件，其出发点必须建立在为移民提供一份能够满足基本生产生活条件并有可持续发展余地的基础上。这种方式适合于经济社会发展水平不高、商品经济欠发达、人口密度不大、以农业生产为主的地区。需要特别强调的是，在制定移民安置规划时，必须经过充分论证，在移民安置环境容量许可的条件下，在本乡、本县范围内就近后靠；或集体成建制地外迁到本省受益县、市或有资源条件的其他地区。

1.3.2.3 城镇化建设安置政策

城镇化的实质是创造就业，将农村劳动力转移到城镇和非农产业，是吸纳大量农村剩余劳动力的重要渠道。城镇化移民安置是一种发展趋势，可以增加就业岗位，促进移民就业，提高移民收入水平，进而促进城乡统筹发展，有助于打破城乡壁垒，有利于整个国民经济的健康发展。

1.3.2.4　自谋职业、自找门路、投亲靠友的安置政策

在当前阶段,自谋职业、自找门路、投亲靠友的安置不是主要的移民安置政策,因为这种做法风险大,部分移民将经费花完后,又要找政府要求重新进行安置,对这部分移民一定要慎重对待,将土地补偿费和安置补助费交给安置区县级以上地方政府统一安排他们的生产生活。要确认移民拥有专门技术或一技之长,确保移民有一定数量的土地和固定的住房以及相对稳定的收入或生活来源。

1.3.2.5　专业项目的补偿政策

专项设施迁建或者复建,按照原规模、原标准或恢复原功能的原则编制专业项目迁建规划,规划所需投资列入投资概算。

由移民区县级以上人民政府交给当地人民政府或者有关单位实施,因扩大规模、提高标准增加的费用,由有关地方人民政府或者有关单位自行解决。

1.3.2.6　农村移民集中安置点与移民建房的补偿补助政策

农村移民集中安置点应当按照经批准的移民安置规划确定的规模和标准迁建,安置点的道路、供水、供电等基础设施,由乡(镇)、村统一组织建设。

农村移民住房,应当由移民自主建造。有关地方人民政府或者村民委员会应当统一规划宅基地,但不得强行规定建房标准。

被征收土地上的附着建筑物按照其原规模、原标准或者恢复原功能的原则补偿;对补偿费用不足以修建基本用房的贫困移民,应当给予适当补助。原规模、原标准或者恢复原功能的原则,是对被征用土地上附着建筑物的补偿原则,不是在安置地确定重新建设原建筑物规模和标准的原则。对于扩大规模、提高标准和改变功能等增加的投资,由有关单位和个人自行解决。为了妥善安置移民,针对部分移民原有房屋标准低、面积小,按照原规模、原标准计算的补偿费不足以在安置地修建基本用房的情况,按照有关规定,对补偿费用不足以修建基本用房的贫困移民,应当给予适当补助。

1.3.2.7　工矿、企事业单位补偿补助政策

工矿企业的搬迁复建,应当根据国家产业政策,结合技术改造,对需要搬迁的工矿企业统筹规划和结构调整。对技术落后、资源浪费、产品质量低劣、污染严重的企业,应当依法实行兼并、破产或者关闭。工矿、企事业单位搬迁补偿按照实际淹没损失的重置价格核定。因扩大规模和提高标准增加

的投资，由地方人民政府或有关单位自行解决。

1.3.2.8　**成建制外迁安置政策**

在生存环境恶劣、生产发展条件差，附近又没有环境容量可安置移民的情况下，可将移民村组按原建制集中外迁。跨省（自治区、直辖市）成建制外迁安置的，由迁出地与安置省（自治区、直辖市）签订协议，办理相关手续。

例如，三峡工程移民实行就地与异地安置、集中与分散安置相结合的办法，有12万移民外迁到上海、浙江、福建等9个经济比较发达的省（直辖市）进行安置。

1.3.2.9　**消落区土地和水面利用政策**

水利水电工程建成后形成的水面和消落区土地属于国家所有，由水利水电工程管理单位负责管理。在服从水库统一调度和保证工程安全、符合水土保持和水质保护要求的前提下，可以通过当地县级人民政府优先安排当地农村移民使用。

1.3.2.10　**文物古迹保护政策**

对工程占地和淹没区的文物，应当在查清分布、确认保护价值的情况下，坚持"保护为主，抢救第一"的方针，实行重点保护、重点发掘。

1.3.2.11　**处理水库移民遗留问题政策**

1986年7月29日，国务院办公厅转发《水利电力部关于抓紧处理水库移民问题报告的通知》（国办发〔1986〕56号），并明确处理移民遗留问题的方针政策，指出：处理移民的遗留问题，不能简单地算老账搞退赔，也不能按新标准重新补偿，而应帮助移民调整产业结构，因地制宜地发展种植业、养殖业、工副业等多种经营渠道，提高移民自身发展能力，支持他们开发创业，有条件的地方，在开发、利用库区及水利资源时，要尽可能吸收他们参加，使移民逐步脱贫致富。从1986年起，新建、扩建和续建水库工程的移民经费与工程概算一并审定，并在基建投资中安排包干使用，老水库移民遗留问题开始逐步进行有序处理。2002年，国务院办公厅转发了水利部等部门《关于加快解决中央直属水库移民遗留问题若干意见》，再次明确解决水库移民遗留问题的方针政策。各级地方政府出台了各项优惠政策、配套了相应资金，专项处理中央直属老水库移民的遗留问题。

1.3.2.12　**后期扶持政策**

2006年5月17日，国务院下发了《国务院关于完善大中型水库移民后期扶持政策的意见》(国发〔2006〕17号),明确后期扶持范围为大中型水库的农村移民,对纳入扶持范围的移民每人每年补助600元。对2006年6月30日前搬迁的纳入扶持范围的移民,自2006年7月1日起扶持20年;对2006年7月1日后搬迁的纳入扶持范围的移民,从其完成搬迁之日起扶持20年。后期扶持资金能够直接发放给移民个人的应尽量发放到移民个人,用于移民生产生活补助;也可以实行项目扶持,用于解决移民村群众生产生活中存在的突出问题;还可以采取两者结合的方式。

1.3.2.13　与移民相关的优惠政策

国家和地方各级政府为妥善安置水利水电工程移民,在其职权范围内为移民搬迁安置及经济发展制定了一系列切实可行的优惠政策,使移民生产生活水平得到尽快恢复和发展,也为水利水电工程建设创造了良好的社会环境。

比如,在南水北调中线工程丹江口水库移民安置项目上,河南省人民政府为切实做好移民安置工作,确保工程建设顺利进行,根据国家有关规定,结合本省实际,以豫政〔2008〕56号文件印发了《关于南水北调中线工程丹江口水库移民安置优惠政策的通知》,通知内容包括:

(1)发展改革部门在安排建设项目时要向库区和移民安置区倾斜。

(2)财政部门在每年的支农资金使用安排上,根据具体情况向库区和移民安置区倾斜,重点支持农村基础设施建设等。对移民建造自用住宅用地,凡新建住宅占用耕地不超过规定标准面积的,按照当地适用税额减半征收耕地占用税;超过规定标准面积的,对超过部分按照当地适用税额全额征收耕地占用税。

(3)国土资源部门对纳入当地土地整理规划的移民生产安置用地优先安排土地整理项目;在办理丹江口水库移民安置建设用地和生产用地手续时,按照国家最低标准收费;属于应由移民个人承担的费用,只收取工本费。

(4)公安部门对移民户口迁移、身份证办理、机动车迁移手续办理、驾驶证换证等,只收取工本费。

(5)交通部门在新农村建设交通项目安排上对移民村倾斜;对丹江口水库库周交通恢复项目建设给予资金和技术支持;协调相关单位做好移民搬迁运输保障工作。

(6)教育部门要支持移民区发展教育事业,做好移民学生的转学入学衔接工作,并免收借读费用。对移民中的国家在职教师自愿转入安置地的,协调有关部门予以接收安置，并免收费用。移民搬迁后 5 年内，移民考生在中招、高招录取中给予降 5~10 分照顾。

(7)卫生部门要免费办理移民新型农村合作医疗关系转移手续，及时纳入安置地管理；指导移民村做好卫生防疫工作。

(8)劳动保障部门要优先安排移民劳动技能培训，积极组织移民劳务输出，拓宽移民就业渠道。

(9)民政部门对移民中的军烈属、伤残军人、复员退伍军人、五保户、低保对象等优扶安置救助对象，做好手续转接工作；对生活困难符合救助条件的，依法予以救助。

(10)农业、林业、畜牧部门在移民安置后，优先组织安排对农村移民进行种植业、林果业、养殖业等技术技能培训和指导，扶持移民发展生产；对移民发展沼气池优先给予补助；移民迁移自养的畜禽，给予免费检疫。

(11)水利部门在安全用水和农田水利建设项目安排上对移民安置区给予倾斜支持。

(12)广播电台、电视台、报社等新闻媒体要做好移民政策宣传工作，免费播放、刊登有关移民政策、通告等。

(13)税务部门对移民建房免征税费。

(14)林业部门对因库区淹没和移民安置需采伐的林木免征育林金，及时办理采伐证；移民搬迁运输自有木材，免费办理准运证。

(15)农机部门对移民在安置地购买大型农业机械，要优先安排购置，及时落实财政补贴，办理相关手续。移民原有的农用机具需要迁移的，要及时办理相关手续。

(16)金融部门在移民发展生产时优先给予贷款。

1.4　水利水电工程移民安置工作程序和工作内容

水利水电工程移民安置是水利水电工程建设的重要组成部分，水利水电工程移民安置工作程序应与主体工程基本建设程序一致。

党和政府高度重视移民安置工作，以法律法规的形式保证移民工作必须按照一定的程序有计划、有组织实施。在 1991 年 2 月 15 日国务院颁布的《大中型水利水电工程建设征地补偿和移民安置条例》(国务院令第 74 号)中规定：移民安置规划应当与设计任务书(可行性研究报告)和初步设计文件同时报主管部门审批。没有移民安置规划的,不得审批工程设计文件、办理征地手续,不得施工。2006 年国务院颁布的《大中型水利水电工程建设征地补偿和移民安置条例》(国务院令第 471 号,简称移民条例)第六条明确规定:已经成立项目法人的大中型水利水电工程,由项目法人编制移民安置规划大纲,按照审批权限报省、自治区、直辖市人民政府或者国务院移民管理机构审批;没有成立项目法人的大中型水利水电工程,项目主管部门应当会同移民区和移民安置区县级以上地方人民政府编制移民安置规划大纲,按照审批权限报省、自治区、直辖市人民政府或者国务院移民管理机构审批。

按照有关规定,我国水利水电工程移民安置工作程序如下。

1.4.1　项目建议书阶段

编制项目建议书应以批准的江河流域(河段)、区域综合规划或专业、专项规划为依据。应贯彻国家的方针政策,遵照有关技术标准,根据国家和地区经济社会发展规划的要求,论证建设该工程项目的必要性,提出开发任务,对工程的建设方案和规模进行分析论证,评价项目建设的合理性。重点论证项目建设的必要性、建设规模、投资和资金筹措方案。对涉及国民经济发展和规划布局的重大问题应进行专题论证。

在项目建议书阶段,建设征地与移民安置是水利水电工程项目建议书的重要组成部分,主要内容和深度应符合的要求是:基本确定工程建设征地的范围,基本查明主要淹没实物,拟定移民安置规划。

1.4.2　可行性研究报告阶段

可行性研究报告阶段的水库淹没处理工作是非常重要的,经过批准的可行性研究报告,是项目决策和进行初步设计的依据。可行性研究应对项目进行方案比较,择优选取,应侧重于技术上是否可行和经济上是否合理的科学分析与论证。可行性研究报告由项目法人(或筹备机构)组织编制。

为确保实物指标调查成果的准确性,调查前应由项目法人向工程占地和淹没区所在地的省级人民政府提出申请,经省级人民政府同意,并发布“禁止在工程占地和淹没区新增建设项目和迁入人口”的通告(简称“停建令”或“封库令”)。编制可行性研究报告时应贯彻国家的方针政策,遵照有关技术标准,对工程项目的建设条件进行调查和勘测,在可靠资料的基础上，进行方案比较，从技术、经济、社会、环境和节水节能等方面进行全面论证，评价项目建设的可行性。重点论证工程规模、技术方案、征地移民、环境、投资和经济评价，对重大关键技术问题应进行专题论证。

在可行性研究阶段，建设征地与移民安置是水利水电工程可行性研究报告的重要组成部分，主要内容和深度应符合的要求是：确定工程建设征地的范围，查明淹没实物，基本确定移民安置规划，估算征地移民补偿投资。

1.4.3 初步设计阶段

初步设计是根据批准的可行性研究报告和必要、准确的设计资料，对设计对象进行通盘研究，阐明拟建工程在技术上的可行性和经济上的合理性，规定项目的各项基本技术参数，编制项目的总概算。初步设计任务应择优选择有项目相应资格的设计单位承担，依照有关初步设计编制规定进行编制。

编制初步设计报告时，应贯彻国家的方针政策，遵照有关技术标准，认真进行调查、勘测、试验、研究，在取得可靠的基本资料基础上，进行方案技术设计。设计应安全可靠，技术先进，因地制宜，注重技术创新、节水节能、节约投资。初步设计报告应有分析、论证和必要的方案比较，并有明确的结论和意见。

初步设计阶段也可以设立设计监督制度，与咨询审查制度相配套。

在初步设计阶段，建设征地与移民安置是水利水电工程初步设计报告的重要组成部分，主要内容和深度应符合的要求是：复核工程建设征地的范围、淹没实物指标，提出移民安置等规划设计。

本阶段应明确拟建工程的建设期管理机构设置及工程建设招投标方案。

1.4.4 移民安置实施阶段

在移民安置实施阶段，项目法人和地方政府及其移民管理机构要完成以下工作，也有项目在初步设计阶段后，进入实施阶段前完成以下工作：

(1)组织移民安置设计招标，完成设计招标。

(2)组织移民监督评估招标，择优选定移民安置实施监督评估单位。

(3)项目法人与省级移民管理机构或地方政府签订移民安置协议（或投资包干协议），地方政府正式建立移民安置组织机构，配置相应工作人员。

(4)对移民干部进行业务培训。

移民安置实施阶段是最重要的阶段。按照移民安置规划和年度实施计划,进行移民搬迁和安置,主要内容包括以下几个方面。

1.4.4.1　签订移民安置协议

大中型水利水电工程开工前,项目法人应当根据经批准的移民安置规划,与移民区和移民安置区所在的省、自治区、直辖市人民政府或者市、县人民政府签订移民安置协议;签订协议的省、自治区、直辖市人民政府或者市级人民政府,可以与下一级有移民或者移民安置任务的人民政府签订移民安置协议。

1.4.4.2　编制移民安置年度计划

项目法人应当根据大中型水利水电工程建设的要求和移民安置规划,在每年汛期结束后 60 日内,向与其签订移民安置协议的地方人民政府提出下一年度移民安置计划建议;签订移民安置协议的地方人民政府,应当根据移民安置规划和项目法人的年度移民安置计划建议,在与项目法人充分协商的基础上,组织编制并下达本行政区域的下一年度移民安置年度计划。

1.4.4.3　支付征地补偿和移民安置资金

移民搬迁安置前,项目法人应根据工程建设进度和移民安置年度计划及时拨付移民安置资金。征地补偿和移民安置资金应当专账核算、专款专用、严格监管、确保安全。移民安置实施单位要建立健全财务管理制度,及时张榜公布移民资金收支情况,接受群众监督。

1.4.4.4　搬迁安置

与项目法人签订移民安置协议的地方人民政府对农村移民搬迁安置、城(集)镇迁建、工矿企业迁建、专项设施迁(复)建等项目按照批复的移民安置规划、移民安置协议和工作计划等要求组织实施。

1.4.4.5　加强移民安置规划设计变更管理

经审批或者核准的移民安置规划是组织实施移民安置工作的基本依据,应当严格执行,不得随意调整或修改。在项目实施中,因实际情况确需调整和修改的,应编制专题报告,由省(自治区、直辖市)人民政府移民管理机构审核,不需再上报国务院水行政主管部门审核。

省级移民管理机构应会同项目法人、有关单位建立议事协调机制,及时与上级有关主管部门保持沟通,规范、协调解决移民安置实施中存在的问题,促进水利水电工程移民搬迁安置工作顺利进行。

1.4.4.6 实行移民安置监督评估机制

大中型水利水电工程移民安置依法实行全过程移民安置监督评估。受委托的移民安置监督评估单位,应当对移民安置进度、移民安置质量、移民资金的拨付和使用情况以及移民生产生活水平的恢复情况等进行监督评估。对移民安置进度、质量、资金拨付和使用中出现的严重问题,移民安置监督评估单位应当及时提出整改建议并报告委托方。

1.4.4.7 认真开展移民安置档案管理和统计工作

省级移民管理机构、项目法人和相关单位要按照国家档案局、水利部、国家能源局联合印发的《水利水电工程移民档案管理办法》(档发〔2012〕4号)规定,将移民档案管理纳入移民工作计划和移民工作程序,及时做好移民档案的归档、移交和验收工作。移民安置验收时,应同步检查移民档案的收集、整理情况,移民档案检查不合格的,要及时整改。省级移民管理机构要按照水利部和国家能源局联合印发的《大中型水利枢纽和水电工程移民统计管理暂行办法》(水移〔2013〕84 号)规定,认真做好本行政区域内水利工程移民统计工作的组织实施和监督管理,按时上报移民安置统计成果,及时反映水利工程移民安置实施情况。

1.4.5 移民验收阶段

移民安置验收前,项目法人应会同与其签订移民安置协议的地方人民政府编制移民安置验收工作计划。移民安置验收工作计划应报移民安置验收主持单位备案。移民安置验收工作计划应对移民安置自验和初验工作作出安排,对移民安置终验提出建议。移民安置验收工作计划内容主要包括移民安置验收的组织或主持单位、时间安排和验收依据、范围、内容、程序、方法、标准等。移民安置验收组织单位应按照移民安置验收工作计划组织开展验收工作。

工程阶段性移民安置验收和工程竣工移民安置验收根据需要,可按照农村移民安置、城(集)镇迁建、工矿企业迁建或者处理、专项设施迁建或者复建、防护工程建设、水库库底清理、移民资金使用管理、移民档案管理、水库移民后期扶持政策落实情况、建设用地手续办理等类别,进行分类验收。

移民安置自验、初验、终验均应形成验收报告。通过开展移民安置验收,强化政府监管职能,落实各级政府和项目法人在移民安置工作中的责任。移民安置验收是大中型水利水电工程验收工作的一项重要程序和重要内容，只有移民安置阶段性验收或竣工验收合格才能进行工程阶段性验收和竣工验收。因此，移民安置验收工作是确保移民安置质量的重要环节，具有十分重要的作用。

1.4.6　后期扶持阶段

依据有关规定：移民安置区县级以上地方人民政府应当编制水库移民后期扶持规划，报上一级人民政府或者其移民管理机构批准后实施。水库移民后期扶持规划应当包括后期扶持的范围、期限、具体措施和预期达到的目标等内容。

后期扶持阶段主要内容包括：

(1)水库移民后期扶持人口核定登记。

(2)后期扶持方式确定。

(3)编制水库移民后期扶持相关规划。移民安置区地方人民政府应当编制水库移民后期扶持规划、库区和移民安置区基础设施和经济发展规划，报省级人民政府批准后实施。

(4)编制年度计划和年度预算。

(5)落实后期扶持相关规划。水库移民安置区地方人民政府应当采取建立责任制等有效措施，做好后期扶持规划的落实工作。

(6)后期扶持相关规划实施情况验收。

1.4.7　后评价阶段

建设项目竣工投产后，一般经过 1~2 年生产运营后，要进行一次系统的项目后评价。

移民安置后评价工作是科学系统评价移民安置实施工作效果、总结移民工作经验教训的重要方式。水利部《关于加强大中型水利工程移民安置管理工作的指导意见》(水移〔2014〕114 号)指出，省级移民主管部门要积极开展水利工程移民安置实施后评价试点工作，探索路子，积累经验。水利部将适时对移民人数较多的重大水利工程组织开展移民安置后评价试点工作。水利工程项目法人要将移民安置后评价工作纳入工作计划，积极支持配合。

1.5 水利水电工程移民安置验收概述

2006年国务院公布的《大中型水利水电工程建设征地补偿和移民安置条例》(国务院令第471号)、2012年水利部印发的《大中型水利水电工程移民安置验收管理暂行办法》(水移〔2012〕77号)和2017年国务院修订发布的《大中型水利水电工程建设征地和移民安置条例》(国务院令第679号)均明确规定:移民安置达到阶段性目标和移民安置工作完毕后应当组织验收,未经验收或者验收不合格的,不得对大中型水利水电工程进行阶段性验收和竣工验收。移民安置验收工作是确保水利水电工程移民得到妥善安置的重要环节,对促进水利水电工程按期完成阶段性和竣工目标起到重要作用。

1.5.1 验收目的

通过开展移民安置验收,强化政府监管职能,落实各级政府和项目法人在移民安置工作中的责任,促使各方对照移民安置规划对移民搬迁安置实施情况进行全面系统地梳理检查,发现问题,分析原因,并研究落实处理或解决方案,最终促进移民生产生活得到妥善安置,维护库区和移民安置区的和谐稳定,并为水利水电工程竣工验收创造条件。

1.5.2 验收意义

移民安置验收作为移民安置管理的最后一个工作环节,具有检验移民安置目标任务完成情况与效果,避免产生移民安置遗留问题等重要作用。

做好移民安置验收工作,对于规范移民安置验收管理行为,促进规划目标的实现,保障移民安置目标的实施质量,强化验收工作的地位与作用,维护移民、项目法人等相关利益群体的合法权益,建设和谐、稳定的库区和移民安置区,发挥项目转入投产使用后的效益,都具有十分重要的意义。

1.5.3 验收依据

水利水电工程移民安置验收依据包括:

(1)国家颁布的有关法律、法规、规章、政策和标准。

①《大中型水利水电工程建设征地补偿和移民安置条例》(国务院令第

471 号)、《大中型水利水电工程建设征地和移民安置条例》(国务院令第 679 号);

②《大中型水利水电工程移民安置验收管理暂行办法》(水移〔2012〕77 号);

③《水利水电工程移民安置验收规程》(SL 682—2014);

④《水利水电工程移民档案管理办法》(档发〔2012〕4 号)等。

(2)经批准的移民安置规划大纲、工程初步设计报告中的移民安置规划、移民安置实施规划以及设计变更和概算调整等规划报告及其批准文件,移民安置年度计划。

(3)水利水电工程建设项目法人与地方人民政府或者其规定的移民管理机构签订的移民安置协议。

(4)其他移民安置相关文件。

水电工程移民安置验收的依据与水利工程移民安置验收依据略有不同,主要是国家能源局依据移民条例制定了相应的验收办法与规程。

1.5.4　验收原则

水利水电工程移民安置验收应当做到科学、客观、公正、规范,主要原则有以下几条。

1.5.4.1　落实责任,分级实施

在水利水电工程移民安置验收时,验收工作应按自验、初验、终验顺序,自下而上组织进行。在验收委员会统一领导下,分级组织验收,明确地方政府和相关部门的职责,协调配合,形成合力,确保按计划完成工程竣工移民安置验收工作。

1.5.4.2　依法依规,保证质量

依据《水利水电工程移民安置验收规程》(SL 682—2014)(以下简称《水利规程》)等有关国家法律、法规,按照移民安置规划及相关文件,制定验收程序和标准,严格进行检验评定,保证工程竣工移民安置验收的质量。

1.5.4.3　全面综合,真实客观

综合查验移民工程建设完成情况,验收移民安置规划任务完成情况、移民项目建设运行情况和移民生产生活恢复发展情况,对移民搬迁安置工作做出客观评价。

1.5.5 验收的阶段及验收条件

水利水电工程阶段性验收和竣工验收前，应组织工程阶段性移民安置验收和工程竣工移民安置验收。工程阶段性移民安置验收是指枢纽工程导(截)流、水库下闸蓄水(含分期蓄水)等阶段的移民安置验收。水利水电工程各阶段验收条件如下。

1.5.5.1 枢纽工程导(截)流阶段

枢纽工程导(截)流阶段，移民安置验收应在导(截)流后壅高水位淹没影响范围内应满足以下条件：

(1)移民住房已落实，安置地生活条件基本具备，移民已完成搬迁，安置地的供水、供电、交通等基础设施基本满足移民生活需要。

(2)对城(集)镇的影响已得到妥善处理。

(3)工矿企业搬迁或者处理工作已完成。

(4)对专项设施的影响已得到妥善处理。

(5)已发现的地质灾害隐患得到妥善处理。

(6)水库库底清理工作已完成。

(7)应归档的文件材料已完成阶段性收集、整理。

1.5.5.2 水库工程下闸蓄水(含分期蓄水)阶段

水库工程下闸蓄水(含分期蓄水)阶段，移民安置验收在相应的蓄水位淹没影响范围内应满足以下条件：

(1)移民住房已建成，安置地生活条件已具备，移民已完成搬迁安置，安置地的供水、供电、交通等基础设施和公共服务设施基本满足移民生活需要。

(2)农村移民生产安置措施基本落实。

(3)城(集)镇迁建工作基本完成。

(4)工矿企业搬迁或者处理工作已完成。

(5)专项设施迁建或者复建工作基本完成。

(6)已发现的地质灾害隐患得到妥善处理。

(7)水库库底清理工作已完成。

(8)应归档的文件材料已完成阶段性收集、整理。

1.5.5.3 工程竣工移民安置验收阶段

工程竣工移民安置验收应满足以下条件：

(1)移民已完成搬迁安置,移民安置区基础设施和公共服务设施建设已完成,农村移民生产安置措施已落实。

(2)城(集)镇迁建、工矿企业迁建或者处理、专项设施迁建或者复建已完成并通过主管部门验收。

(3)征地工作已完成。

(4)已发现的地质灾害隐患得到妥善处理。

(5)水库库底清理工作已完成。

(6)征地补偿和移民安置资金已按规定兑付完毕。

(7)移民资金财务决算编制已完成,资金使用管理情况已通过政府审计。

(8)移民资金审计、稽察和工程阶段性移民安置验收提出的主要问题已基本解决。

(9)移民档案的收集、整理和归档工作已完成,并满足完整、准确和系统性的要求。

1.5.6　验收程序

移民安置验收应按照自验、初验、终验顺序,自下而上组织进行。枢纽工程以外的堤防、河道等水利水电工程移民安置验收,可根据实际情况适当简化验收程序和内容。

1.5.6.1　自验程序

移民安置自验工作应包括下列主要程序:

(1)编制移民安置自验工作方案。

(2)成立移民安置自验委员会。

(3)根据验收内容的实际情况,成立相应类别的验收工作组。

(4)各验收工作组进行全面检查验收,并提出验收意见。

(5)组织编制移民安置自验报告(自验报告格式见《水利规程》附录 C)。

(6)召开移民安置自验大会。

移民安置自验组织单位应在通过移民安置自验之日起 30 个工作日内,向初验组织单位提出初验申请。

1.5.6.2　初验程序

移民安置初验组织单位在接到初验申请之日起 20 个工作日内,作出是否组织初验的决定。

移民安置初验工作应包括下列主要程序：

(1)编制移民安置初验工作方案。

(2)成立移民安置初验委员会。

(3)根据验收内容的实际情况，成立相应类别的验收工作组。

(4)各验收工作组查阅资料，开展现场抽查，并提出验收意见。

(5)组织编制移民安置初验报告(初验报告格式见《水利规程》附录C)。

(6)召开移民安置初验大会。

移民安置初验组织单位应在通过移民安置初验之日起30个工作日内，向移民安置验收主持单位提出移民安置终验申请。

1.5.6.3 终验程序

移民安置验收主持单位应在接到终验申请之日起20个工作日内，作出是否组织终验的决定。

移民安置终验工作应包括下列主要程序：

(1)编制移民安置终验工作方案。

(2)成立移民安置终验委员会。

(3)根据验收内容的实际情况，成立相应类别的验收工作组。

(4)各验收工作组查阅资料，开展现场抽查，并提出验收意见。

(5)组织编制移民安置终验报告(终验报告格式见《水利规程》附录C)。

(6)召开移民安置终验大会。

1.5.7 验收内容与标准

水利水电工程阶段性移民安置验收和工程竣工移民安置验收内容根据需要，可按照农村移民安置、城(集)镇迁建、工矿企业迁建或者处理、专项设施迁建或者复建、防护工程建设、水库库底清理、移民资金使用管理、移民档案管理、水库移民后期扶持政策落实情况、建设用地手续办理等类别，进行分类验收。

水利水电工程阶段性移民安置验收和工程竣工移民安置验收内容大致相同，因具体项目建设内容、投资规模和工作要求不同而有所不同，具体项目情况需要具体研究确定。每个项目的验收标准稍有区别，一般项目主要验收内容和标准如下。

1.5.7.1　枢纽工程导(截)流阶段移民安置验收内容和标准

1. 农村移民安置验收合格标准

(1)移民宅基地已全部分配到户。

(2)移民已完成搬迁。

(3)住房建设基本完成。

(4)安置点水、电、路等基础设施基本满足移民日常生活需要。

(5)移民个人补偿费已按进度兑付。

(6)土地补偿补助费和集体财产补偿费已按进度兑付。

(7)移民安置点已通过地质灾害危险性评估。

2. 城(集)镇迁建验收合格标准

(1)移民已经完成搬迁。

(2)行政及企事业单位已经完成搬迁。

(3)移民住房建设基本完成。

(4)行政及企事业单位房屋建设和市政设施按计划建设。

(5)移民个人财产补偿费已经按进度兑付。

(6)行政及企事业单位财产补偿费已经按进度兑付。

(7)新址已通过地质灾害危险性评估。

3. 工矿企业迁建或者处理验收合格标准

(1)工矿企业已经完成搬迁。

(2)工矿企业补偿资金已经按进度兑付。

4. 专项设施迁建或者复建验收合格标准

(1)对专项设施的影响已经得到妥善处理。

(2)专项设施迁建或者复建已按计划建设。

(3)专项设施迁建或者复建资金已经按进度兑付。

5. 水库库底清理验收合格标准

(1)水库库底清理已经按照批准的移民安置规划和相关技术要求完成。

(2)卫生清理、有毒有害固体废弃物等清理已经通过相关部门验收。

(3)水库库底清理资金已按规定兑付给有关单位和个人。

6. 移民资金使用管理验收合格标准

(1)移民资金已按进度拨付到位。

(2)批准的补偿标准和投资概算得到严格执行。

(3)移民资金管理制度健全,并得到认真执行。

7. 移民档案验收合格标准

(1)移民档案管理制度已经建立,并得到认真执行。

(2)应归档的文件材料已经完成阶段性收集、整理工作。

1.5.7.2　水库工程下闸蓄水(含分期蓄水)阶段移民安置验收内容和标准

1. 农村移民安置验收合格标准

(1)移民已经完成搬迁。

(2)住房建设已经完成。

(3)安置点水、电、路等基础设施和学校等公共服务设施建设已经按照批准的移民安置规划建设完成。

(4)生产用地已经按照批准的移民安置规划确定的标准划拨到村组。

(5)生产开发措施正在有序落实。

(6)移民个人补偿费已经全部兑付到户。

(7)土地补偿补助费和集体财产补偿费已按进度兑付到村组。

(8)移民安置点已通过地质灾害危险性评估。

2. 城(集)镇迁建验收合格标准

(1)移民已经完成搬迁。

(2)行政及企事业单位已经完成搬迁。

(3)移民住房建设已经完成,行政及企事业单位房屋按计划建设。

(4)水、电、路等市政设施和学校、医院等公共服务设施建设已经按照批准的移民安置规划完成。

(5)移民个人财产补偿费已经全部兑付到户。

(6)行政及企事业单位财产补偿费已按进度兑付。

(7)新址已通过地质灾害危险性评估。

(8)新址占地搬迁人口补偿安置基本落实。

3. 工矿企业迁建或者处理验收合格标准

(1)工矿企业已经完成搬迁。

(2)工矿企业补偿资金已经按进度兑付。

(3)职工安置措施已经按规定落实。

4. 专项设施迁建或者复建验收合格标准

(1)专项设施迁建或者复建已经按照批准的移民安置规划完成。

(2)专项设施功能已经恢复。

(3)对库周专项设施的影响已经得到妥善处理。

(4)专项设施迁建或者复建资金已经拨付到位。

5. 防护工程验收合格标准

(1)防护工程按计划建设。

(2)防护工程建设资金按进度拨付到位。

6. 水库库底清理验收合格标准

(1)水库库底清理已按照批准的移民安置规划和相关技术要求完成。

(2)特殊清理已经通过相关部门验收。

(3)经批准缓期拆除的桥梁等设施,安全措施已经落实。

(4)水库库底清理资金已经到位,并按规定支付给有关单位和个人。

7. 移民资金使用管理验收合格标准

(1)移民资金已按进度拨付到位。

(2)批准的补偿标准和投资概算得到严格执行。

(3)移民资金管理制度健全,并得到认真执行。

8. 移民档案验收合格标准

(1)移民档案管理制度已经建立健全,并得到认真执行。

(2)应归档的文件材料已经完成阶段性收集、整理工作。

1.5.7.3　工程竣工移民安置验收内容和标准

1. 农村移民安置验收合格标准

(1)移民全部完成搬迁。

(2)住房建设已完成。

(3)安置点基础设施和公共服务设施建设已按照批准的移民安置规划建设完成。

(4)移民生产安置措施已落实,生产用地已按批准的移民安置规划确定的标准分配到户,生产开发措施正在有序落实。

(5)移民个人补偿费已全部兑付到户。

(6)土地补偿补助费和村集体财产补偿费已全部兑付到村组。

(7)移民安置点已通过地质灾害危险性评估。

2. 城(集)镇迁建验收合格标准

(1)移民全部完成搬迁。

(2)行政及企事业单位全部完成搬迁。

(3)移民及单位房屋建设已完成,并按规定通过验收。

(4)移民门面房已得到妥善处理。

(5)基础设施和公共服务设施建设已按批准的移民安置规划完成,并按规定通过验收。

(6)移民个人财产补偿费全部兑现到户。

(7)行政及企事业单位财产补偿费全部兑付。

(8)新址已通过地质灾害危险性评估。

(9)新址占地搬迁人口补偿安置已落实。

3. 工矿企业迁建或者处理验收合格标准

(1)工矿企业全部完成迁建或者处理。

(2)工矿企业补偿资金已全部兑付到位。

(3)职工安置措施已按规定落实。

4. 专项设施迁建或者复建验收合格标准

(1)专项设施迁建或者复建已按批准的移民安置规划完成,并通过行业主管部门验收。

(2)专项设施功能已恢复。

(3)专项设施迁建或者复建资金已全部到位。

(4)专项设施迁建或者复建工程已按规定完成移交。

5. 防护工程建设验收合格标准

(1)防护工程建设已按设计完成。

(2)防护工程建设资金已全部拨付到位。

(3)防护工程已按规定通过验收。

(4)防护工程运行管理责任主体和运行管理费已落实。

6. 水库库底清理验收合格标准

(1)水库库底清理已按批准的移民安置规划完成。

(2)卫生清理、有毒有害固体废弃物等清理已经通过相关部门验收。

(3)水库库底清理资金已全部到位,并按规定支付给有关单位和个人。

7. 移民资金使用管理验收合格标准

(1)移民资金已拨付到位。

(2)批准的补偿标准和投资概算得到严格执行。

(3)移民资金管理制度健全,并得到较好执行。

(4)移民资金财务决算已编制完成,资金使用管理情况已通过政府审计。

(5)移民资金审计、稽察和阶段性验收提出的问题已整改。

8. 移民档案管理验收合格标准

(1)移民档案管理制度健全,并得到认真执行。

(2)移民档案资料已按有关规定收集、整理、归档。

(3)移民档案资料真实、完整、准确、系统。

9. 水库移民后期扶持政策落实情况验收合格标准

(1)水库移民后期扶持人口已按规定完成核定登记工作。

(2)水库移民后期扶持资金已开始兑现。

10. 建设用地手续办理验收合格标准

(1)工程建设区和水库淹没区的建设用地手续已按规定办理。

(2)移民安置区建设用地手续已按规定办理。

第 2 章　水利水电工程移民安置验收制度

2.1　验收法规

水利水电工程开展移民安置验收的法规依据是《大中型水利水电工程建设征地补偿和移民安置条例》(国务院令第 471 号)和新移民条例,条例明确规定:移民安置达到阶段性目标和移民安置工作完毕后,省、自治区、直辖市人民政府或者国务院移民管理机构应当组织有关单位进行验收;移民安置未经验收或者验收不合格的,不得对大中型水利水电工程进行阶段性验收和竣工验收。

2.2　验收办法

针对水利水电工程移民安置验收,水利部印发了《大中型水利水电工程移民安置验收管理暂行办法》(水移〔2012〕77 号);国家能源局在《水电工程验收管理办法》(国能新能〔2011〕263 号)中对水电工程移民安置验收工作提出了要求。

2.2.1　水利部印发的验收办法

根据《大中型水利水电工程建设征地补偿和移民安置条例》(国务院令第 471 号)等相关法律、法规,水利部于 2012 年 3 月 6 日印发了《大中型水利水电工程移民安置验收管理暂行办法》(水移〔2012〕77 号)。该办法共分 5 章 25 条,明确了验收依据、验收内容、验收组织、验收条件等方面内容,要求严格履行移民安置验收程序。对于由水利部组织竣工验收的水利项目,移民安置达到阶段性目标或移民安置工作完毕后,项目法人应及时向水利部申请验收,省级水利工程移民管理机构要及时组织或督促指导地方开展移民安置自验和初验工作。对于由地方负责竣工验收的水利项目,省级水利工程移民管理机构也要及时组织移民安置工作。对移民安置验收过程中发现的问题,省级移民管理机构要督促相关单位及时整改落实。

移民安置验收应当自下而上,按照自验、初验、终验的顺序组织进行。

移民安置自验是指承担移民安置任务的县级人民政府对移民安置工作进行的自我检查和验收。移民安置初验是指签订移民安置协议的双方联合对移民安置工作进行的初步检查和验收。移民安置终验是指移民安置验收主持单位对移民安置工作进行的全面检查和验收。

移民安置验收的内容主要包括农村移民安置、城(集)镇迁建、工矿企业迁建或者处理、专项设施迁建或者复建、防护工程建设、水库库底清理、移民资金使用管理、移民档案管理、水库移民后期扶持政策落实情况、建设用地手续办理等。

水利部负责全国大中型水利水电工程移民安置验收的管理和监督。省级人民政府或者其规定的移民管理机构负责本行政区域内大中型水利水电工程移民安置验收的管理和监督。

2.2.2　国家能源局印发的验收办法

为落实国务院简政放权有关要求,加强水电工程建设管理,进一步规范验收工作,国家能源局对《水电工程验收管理办法》(国能新能〔2011〕263号)进行了修订,并于2015年11月25日印发《关于印发水电工程验收管理办法的通知》(国能新能〔2015〕426号)。该办法共分5章33条,明确了验收依据、工程蓄水验收、枢纽工程专项验收、竣工验收等方面内容。

该办法明确规定:水电工程在截流、蓄水、机组启动前以及工程完工后,必须进行验收。水电工程验收包括阶段验收和工程竣工验收。

阶段验收分为工程截流验收、蓄水验收和水轮发电机组启动验收。截流验收和蓄水验收前应进行建设征地移民安置专项验收。

工程竣工验收在枢纽工程、建设征地移民安置、环境保护、水土保持、消防、劳动安全与工业卫生、工程决算和工程档案专项验收的基础上进行。

工程截流验收由项目法人会同工程所在地省级人民政府能源主管部门共同组织验收委员会进行;水轮发电机组启动验收由项目法人会同电网经营管理单位共同组织验收委员会进行,具体要求按相关规定执行。

工程蓄水验收、枢纽工程专项验收和工程竣工验收由省级人民政府能源主管部门负责,并委托有资质的单位作为验收主持单位,组织验收委员会进行。省级人民政府能源主管部门也可直接作为验收主持单位组织验收。

建设征地移民安置、环境保护、水土保持、消防、劳动安全与工业卫生、工程决算和工程档案专项验收按相关法规和规定办理。

国家能源局负责水电工程验收的监督管理工作。省级人民政府能源主管部门负责本行政区域内水电工程验收的管理、指导、协调和监督。跨省(自治区、直辖市)水电工程验收工作由项目所涉及省(自治区、直辖市)的省级人民政府能源主管部门共同负责。各级能源主管部门按规定权限负责和参与本行政区域内水电工程验收的管理、指导、协调和监督。

水电工程验收工作应当做到科学、客观、公正、规范,以上单位对各自在工程验收中所提交资料的真实性负责。

2.3 验收规程

2.3.1 水利部颁布的验收规程

为加强水利水电工程移民安置验收管理,规范验收行为,保证验收质量,维护国家、集体和移民个人的合法权益,促进水利水电工程建设顺利进行,水利部以 2014 年第 73 号公告批准发布了《水利水电工程移民安置验收规程》(SL 682—2014)(以下简称《水利规程》),2014 年 12 月 3 日发布,2015 年 3 月 3 日实施。作为《大中型水利水电工程移民安置验收管理暂行办法》(水移〔2012〕77 号)的配套技术标准,《水利规程》共 7 章和 5 个附录,主要技术内容有:总则、验收组织、验收条件、验收程序、验收内容和标准、验收方法与评定、验收监督等。

移安置验收的自验、初验和终验的组织或者主持单位,均应组织成立相应的验收委员会,负责移民安置验收工作。验收委员会应设主任委员 1 名、副主任委员及委员若干名。验收委员会主任委员应由验收组织或者主持单位的代表担任。

验收委员会根据需要可设立农村移民安置、城(集)镇迁建、工矿企业迁建或者处理、专项设施迁建或者复建、防护工程建设、水库库底清理、移民资金使用管理、移民档案管理、水库移民后期扶持政策落实情况、建设用地手续办理等类别验收工作组,具体负责相关类别的验收工作。

2.3.2　国家能源局颁布的验收规程

国家能源局于 2013 年 6 月 8 日发布了《水电工程建设征地移民安置验收规程》(NB/T 35013—2013)(以下简称《水电规程》),2013 年 10 月 1 日实施。《水电规程》共 7 章和 8 个附录,主要包括水电工程建设征地移民安置验收的基本要求、主要依据和必备资料、验收工作组织、步骤和内容、争议处理、阶段性验收及竣工验收应具备条件等内容。

建设征地移民安置验收分为建设征地移民安置阶段性验收和建设征地移民安置竣工验收。

建设征地移民安置验收应遵守国家法律、法规和省级人民政府有关政策规定,以及相关行业的技术标准。

移民工程的验收执行工程相应行业的验收规定。

省级人民政府组织建设征地移民安置验收工作。市、县级人民政府的建设征地移民安置验收工作由省级人民政府规定。必要时,由国务院水电工程移民行政管理机构组织水电工程建设征地移民安置验收工作。在国务院水电工程移民行政管理机构组织验收工作之前,省级人民政府应先行组织验收。

有以下情形之一的,省级人民政府规定的移民管理机构应安排建设征地移民安置验收工作:

(1)国家投资或者能源主管部门已安排水电工程阶段性或者竣工验收的。

(2)省级人民政府同意开展建设征地移民安置验收的。

(3)省级投资或者能源主管部门已提出水电工程阶段性或者竣工验收申请初审意见并要求启动建设征地移民安置验收的。

2.3.3　两个规程的异同比较

2.3.3.1　验收工作组织方面

(1)《水利规程》规定了各个阶段各级人民政府及相关部门的责任;《水电规程》在总则中明确省级人民政府组织建设征地移民安置验收工作,市、县级人民政府的建设征地移民安置验收工作由省级人民政府规定。

(2)《水利规程》中规定:国务院水行政主管部门主持验收的大中型水利水电工程,移民安置终验应由国务院水行政主管部门会同有关省级人民政府主持。《水电规程》中提出在必要时,由国务院水电工程移民行政管理机构组织水电工程建设征地移民安置验收工作,在国务院水电工程移民行政管理机构组织验收工作之前,省级人民政府应先行组织验收。

(3)《水利规程》提出验收委员会成员应包括有关专家,在自验委员会里还有移民代表参加;《水电规程》明确验收委员会宜成立专家组。

2.3.3.2 验收工作步骤方面

(1)《水利规程》规定了移民安置验收应按照自验、初验、终验顺序,自下而上组织进行;《水电规程》没有明确这3个程序。

(2)《水利规程》要求各级验收委员会成立相应类别验收工作组开展验收;《水电规程》提出按照验收准备、工作检查和验收会议的步骤开展,明确已成立专家组的,专家组成员应参加现场检查工作,研阅相关验收资料和文件,提出专家组意见。

在具体实践过程中,部分项目移民验收时采取了技术预验收和行政验收的工作程序。

2.3.3.3 验收内容方面

《水电规程》明确将建设征地范围复核处理情况、移民安置规划调整设计变更情况、综合监理独立评估工作情况等列入竣工验收内容中;《水利规程》没有对此进行明确规定。

2.3.3.4 验收方法方面

《水利规程》明确自验阶段要逐户、逐项全面检查验收,初验和终验进行抽样检查,并规定了检查的比例;《水电规程》没有明确此项要求。

2.3.3.5 验收应具备的条件方面

(1)《水利规程》提出征地工作已完成;《水电规程》明确了征用土地复垦任务已完成,按照有关规定通过验收。

(2)《水电规程》提出建设征地移民安置有设计变更的,应按照有关规定完成设计变更程序;《水利规程》没有明确此项要求。

(3)《水利规程》提出已发现的地质灾害隐患得到妥善处理;《水电规程》没有明确此项规定。

(4)《水电规程》明确要求,按规定提交的建设征地移民安置实施工作报告、项目法人建设征地移民安置工作报告、移民安置综合监理工作报告均有明确的可以进行建设征地移民安置竣工验收的结论,移民安置独立评估工作报告有明确的移民安置目标已实现的结论;《水利规程》没有明确此项要求。

(5)《水利规程》按照《大中型水利水电工程建设征地补偿和移民安置条例》(国务院令第471号)要求对移民安置监督评估工作提出要求,《水电规程》将其分为综合监理和独立评估两个部分。

2.3.3.6　验收大会议程方面

《水利规程》对移民安置声像资料有明确规定;《水电规程》没有明确此项规定。

2.3.3.7　验收成果方面

(1)《水利规程》提供了详细的验收表格;《水电规程》没有明确的验收表格。

(2)《水利规程》提出了验收备查资料目录;《水电规程》没有此项要求。

(3)《水利规程》提供了有关成果报告的大纲;《水电规程》也提供了大纲,并简要对各部分内容进行了说明。

第3章　水利水电工程移民安置验收准备

依据《水利工程建设项目验收管理规定》(水利部令第30号),竣工验收应当在工程建设项目全部完成并满足一定运行条件后1年内进行。不能按期进行竣工验收的,经竣工验收主持单位同意,可以适当延长期限,但最长不得超过6个月。逾期仍不能进行竣工验收的,项目法人应当向竣工验收主持单位作出专题报告。

《大中型水利水电工程建设征地补偿和移民安置条例》(国务院令第471号、第679号)规定,移民安置达到阶段性目标和移民安置工作完毕后应当组织验收,未经验收或者验收不合格的,不得对大中型水利水电工程进行阶段性验收和竣工验收。因此,在移民安置达到阶段性目标和移民安置工作完毕后,应立即着手移民安置验收工作。

3.1　项目法人

3.1.1　启动

项目法人在移民安置实施过程中主要是参与角色,但在移民安置验收工作中,不仅仅是参与,还应起到引领作用。

项目法人要通盘考虑,召开专题会研究如何启动水利水电工程移民安置验收工作。

移民安置工作是水利水电工程建设的重要组成部分,移民安置验收是水利水电工程验收的前置条件。为了有序推进移民安置验收工作,需要项目法人牵头编制移民验收工作计划,成立组织机构,制定工作目标、工作计划和网络图,明确时间节点,落实责任单位和责任人。工作计划目标明确后,项目法人要以钉钉子精神去跟踪并做实各项工作,及时协调或处理工作中遇到的问题。

3.1.2　协商

根据验收规程等要求,开展阶段性移民安置验收或工程竣工移民安置验收前,结合移民安置工作实际,项目法人应当与签订移民安置协议的地方人民政府商议移民安置验收工作。

同时,项目法人还需与地方政府有关部门加强沟通、互相配合,充分发挥各级政府和职能部门的领导和组织作用,能够建立一个协同联动、高效运行的工作机制。

3.1.3　制订验收工作计划

在协商的基础上,项目法人应会同与其签订移民安置协议的地方人民政府编制移民安置验收工作计划。

验收工作计划包括总体验收计划和自验、初验、终验各阶段验收工作计划。验收工作计划在各地名称不统一,有的地方叫验收工作计划,有的地方叫验收工作大纲,还有的地方叫验收工作方案。

移民安置验收工作计划内容主要包括移民安置验收的组织或主持单位、时间安排和验收的依据、组织、范围、内容、程序、方法、标准等,以使验收工作更加规范、有序,更有可操作性,为验收工作顺利进行奠定良好的基础。

移民安置验收工作计划应当对移民安置自验和初验工作做出安排,对移民安置终验工作提出建议。在制订验收工作计划过程中,有不同意见和建议的单位及个人要及时向联系单位反馈。

3.1.4　发文(函)

项目法人或联合地方人民政府发文(函),向负责移民实施的地方人民政府、移民安置规划设计、监督评估、库底清理、专业项目涉及的行业部门等各参建单位下发文件,同时抄送上级移民主管部门和有关单位。

验收委员会机构成立文件和验收工作计划,可以单独印发和发送;也可以作为发文(函)的附件,随文(函)发送。

3.1.5　备案

移民安置验收工作计划应报移民安置验收组织或主持单位备案。

3.2 移民安置验收组织和主持单位

国务院或者国务院项目审批部门审批的大中型水利水电工程，县级人民政府负责组织并主持自验，省移民管理机构负责组织并主持初验，初验通过后上报国务院移民管理机构申请终验。

省级人民政府项目审批部门审批的水利水电工程，县级人民政府负责组织并主持自验，市移民管理机构负责组织并主持初验，省移民管理机构负责组织并主持终验。

对小型水利水电工程征地补偿和移民安置验收，由县级人民政府组织自验和初验，市移民管理机构主持终验。

水利部主持验收的大中型水利水电工程，移民安置验收由水利部会同有关省级人民政府主持。其余大中型水利水电工程，移民安置验收由省级人民政府或者其规定的移民管理机构主持。

移民安置验收主持单位负责监督指导移民安置自验、初验工作，并组织移民安置终验。与项目法人签订移民安置协议的地方人民政府会同项目法人共同组织移民安置初验。移民区和移民安置区县级人民政府负责组织移民安置自验。

移民安置工作仅涉及一个县级行政区域的，移民安置初验可以与自验合并进行。

移民安置验收组织或者主持单位，应当组织成立验收委员会。验收委员会由验收组织或者主持单位、项目主管部门、有关地方人民政府及其移民管理机构和相关部门、项目法人、移民安置规划设计单位、移民安置监督评估单位，以及其他相关单位的代表和有关专家组成。验收委员会主任委员由移民安置验收组织或主持单位代表担任。

3.3 工作措施

各级组织和主持移民验收工作的单位应在启动验收工作以后，采取以下工作措施。

3.3.1　强化学习，加强指导

在移民安置验收工作开展之前，组织相关责任人参与移民验收研讨会或移民验收培训班。通过研讨和学习，全体验收人员能深刻认识和全面掌握验收的程序、方法和标准等要求，形成共识。

3.3.2　保持沟通，建立健全工作制度

保持全过程沟通非常重要，沟通能消除误解，增进对彼此的了解，进而提高工作效率。建立健全工作制度，制定移民验收工作方案和验收程序及方法；明确规定和规范移民验收的目的、任务、内容及要求；加强移民安置验收工作管理，明确和严肃移民安置验收的责任及纪律，确保有序、规范开展移民安置验收工作。

3.3.3　执行验收办法和验收规程

《大中型水利水电工程移民安置验收管理暂行办法》(水移〔2012〕77号)和《水利水电工程移民安置验收规程》(SL 682—2014)明确了验收程序、验收条件、验收内容等要求，规范了验收行为。在执行过程中应结合项目实际情况，进一步细化验收工作，做到既符合验收办法和验收规程要求，又能反映移民安置具体实施情况。

3.3.4　保障验收工作经费

移民验收工作经费包括档案资料整理费、专题视频制作费、验收材料印刷费、聘请第三方服务费和验收会议费等。提请上级部门给予帮助支持，多途径落实移民安置验收专项工作及协调经费，确保验收工作顺利进行。

3.3.5　委托验收技术服务单位

为避免移民安置验收工作走弯路，缺少规范性，解决技术力量薄弱等问题，由项目法人委托或与移民管理机构共同委托或移民管理机构单独委托验收技术服务单位，提供技术支撑，保证移民安置验收工作质量和进度。

3.3.6　培训

培训的主要目的是统一认识，吃透文件精神，逐一落实到位。针对移民

安置验收中的各项工作，项目法人组织各级移民管理机构工作人员参加培训会议，届时邀请移民安置相关专家对验收文件政策精神、验收计划、验收规程、移民资金管理和移民档案管理等专题进行系统的讲解和答疑。培训方式要灵活，要打破"专家讲、学员记"的传统培训方式，充分发挥专家的主导作用与学员的主体作用，解答学员所提问题。

通过培训，让全体成员深刻认识和全面掌握验收的程序、方法和标准等要求，使得领导干部熟悉、工作人员精通、移民群众知情。

3.4 工作要求

各级组织和主持移民验收工作的单位应对验收工作提出以下要求。

3.4.1 提高站位，统一思想

各相关部门负责人要高度重视、统一思想，深刻认识到移民安置验收工作的重要性、紧迫性、艰巨性，把移民安置验收工作当作一项政治任务。严格按照工作部署，树立"一盘棋"思想，组织人员积极完成本单位应当承担的工作任务，积极完成领导小组交办的其他任务。

3.4.2 齐心协力，狠抓实干

各相关部门要在人力、物力、财力上大力支持，发扬移民搬迁安置时的齐心协力、艰苦奋斗、锐意进取的精神；工作人员要发扬吃苦耐劳、狠抓实干的精神，沉下身子、扎实工作，争分夺秒，一步一个脚印、一步一个台阶。牢固树立大局意识，认真履行自己的职责和义务，通力合作，上下联动，形成合力，确保打赢这场战役；要把目标、责任、措施再量化、再细化，逐级落实到人，确保验收工作横到边、纵到底，全面覆盖、全面落实。

3.4.3 注意方法，确保稳定

移民安置验收是移民安置工作的最后一道关口，各单位在开展移民安置验收工作的同时，要注重方式方法，避免发生新的移民不稳定因素，确保移民工作大局稳定。

3.4.4　明确责任,失责必究

明确各参验单位“一把手”为主要责任人,分管领导为直接责任人,相关部门不得以任何理由推诿、阻碍或延误验收工作进展;对在工作中因落实不力影响移民安置验收工作顺利进行的,根据情节轻重、责任大小追究相关责任人的责任。

第4章 县级移民实施管理机构的验收工作内容

移民安置验收是全体移民工作者多年来辛勤劳动的结果,是对移民工作的一次全面、系统的回顾和检阅。它既是移民安置工作的一项必要程序,又是工程竣工验收的一项必要条件。县级移民实施管理机构作为具体组织移民安置实施工作的责任单位,在自验、初验和终验过程中工作侧重点不同。

4.1 自验阶段

移民安置自验是指承担移民安置任务的县级人民政府对移民安置工作进行的自我检查和验收。自验阶段工作主要包括工作收尾、档案整理、财务决算、政府审计、制订自验工作方案、成立验收组织、分类别验收、报告编写等。自验工作的组织单位是县级人民政府,具体承担者是县级移民安置实施管理机构。

通过移民安置自验,逐户逐项全面检查征地和移民搬迁安置补偿兑付、资金管理、合同管理、档案管理等工作情况,发现问题要及时整改,进一步强化按规章制度、按程序办事的责任意识。

4.1.1 移民安置验收工作的准备

4.1.1.1 移民安置工作收尾

移民安置工作收尾包括各项移民安置任务的完成、各单项工程的验收情况、各有关手续的办理情况等。

县级移民安置实施管理机构应认真对各项移民工作进行仔细梳理,抓紧完成收尾工作,为下一步开展移民自验工作做好充分准备。

移民安置工作收尾应满足验收条件。参见前述内容。

4.1.1.2 档案整理

移民档案是水利水电工程移民工作的重要组成部分,是留史存证、规范管理、支撑监管、维护各方合法权益、保障移民工作顺利进行和社会长治久安的一项基础性工作。

按照国家档案局、水利部、国家能源局联合印发的《水利水电工程移民档案管理办法》(档发〔2012〕4 号)规定,将移民档案管理纳入移民工作计划和移民工作程序,及时做好移民档案的归档、移交和验收工作。

省级移民管理机构、项目法人和相关单位也应与移民安置工作实行同步管理,做到同部署、同实施、同检查。

移民安置验收时,应同步检查移民档案的收集、整理情况,移民档案检查不合格的,要及时整改。

对移民安置资料整编归档的技术要求如下:

(1)档案应达到完整、准确、系统,且符合规范的要求。各级移民实施管理机构应根据归档范围,将各类原始文件材料收集齐全,且组成案卷。

(2)按照国家有关标准与规范,分类整理,保持文件材料之间的有机联系和成套性,区别不同的保管期限,便于保管和利用。

①文书档案按照《文书档案案卷格式》(GB/T 9705—2008)和《归档文件整理规则》(DA/T 22—2000)的要求进行整理、归档;

②征地移民项目档案按照《国家重大建设项目文件归档要求与档案整理规范》(DA/T 28—2002)和《水利工程建设项目档案管理规定》(水办〔2005〕480 号)的要求进行整理、归档;

③会计档案按照财政部、国家档案局颁发的《会计档案管理办法》(财会字〔1998〕32 号)的要求进行整理、归档;

④征地移民工作过程中产生的录音、录像、照片、光盘、磁盘等特殊载体的档案材料,应标注事由、时间、地点、人物、作者等说明性内容,参照《照片档案管理规范》(GB/T 11821—2002)和《电子文件归档与管理规范》(GB/T 18894—2002)的要求进行整理、归档。

案卷质量应达到分类科学、组卷合理、字迹清楚、数字准确、图面整洁、装订整齐、签字手续完备,并注意所有归档材料的耐久性。

(3)专项工程材料的归档,要按规定及时整理好各类应归档材料,特别是竣工图,必须由施工单位在图标上加盖竣工图章,并确保其达到字迹清晰、图物相符、签字手续完备的要求。

(4)各单位或有关人员在完成立卷工作后,应及时编制档案移交目录,包括案卷目录和卷内文件目录。

移民档案管理机构应建立健全移民档案管理制度，按规定完善移民档案资料的收集、整理、归档，确保移民档案的完整、准确、系统、安全和有效利用。

移民档案主要包括移民安置前期工作、移民安置实施工作、水库移民后期扶持工作、移民工作管理监督、移民资金财务管理等方面的文件材料。具体参照见表4-1。

表4-1 水利水电工程移民档案归档范围与保管期限表

序号	归档文件	保管期限		说明
1	移民安置前期工作文件材料			
1.1	正常蓄水位选择报告及审查意见	永久		
1.2	施工总布置规划报告及审查意见	永久		
1.3	建设征地范围地质勘测报告及审查意见	永久		
1.4	建设征地处理范围分析材料	永久		
1.5	关于禁止在工程占地和淹没区新增建设项目和迁入人口的通告(封库令、停建令)	永久		
1.6	实物调查工作大纲、细则	永久		
1.7	实物调查表、统计表、汇总表	永久		
1.8	实物调查成果材料	永久		
1.9	移民安置规划大纲及其审批文件材料	永久		
1.10	移民安置规划及其审核、审批文件材料	永久		
1.11	移民安置规划变更及其审批文件材料	永久		
1.12	移民安置方案及其审批文件材料	永久		
1.13	移民安置选址、勘测、设计、论证、评估文件材料	永久		
1.14	征地补偿和移民安置投资概(估)算及其审批文件材料	永久		
1.15	初步设计阶段移民安置规划及其审批文件材料	永久		
1.16	其他有关移民安置前期工作的文件材料	重要的	永久	
		一般的	30年	

续表 4-1

序号	归档文件	保管期限		说明
2	移民安置实施工作文件材料			
2.1	综合文件材料			
2.1.1	移民安置实施规划、技施阶段移民安置规划或施工图设计阶段移民安置规划及其审批文件材料	永久		
2.1.2	移民安置实施规划、技施阶段移民安置规划或施工图设计阶段移民安置规划调整、设计变更及其审批文件材料	永久		
2.1.3	移民安置协议及相关会议纪要和文件材料	永久		
2.1.4	移民安置试点方案及其实施情况文件材料	永久		
2.1.5	移民安置年度计划及其批复文件材料	永久		
2.1.6	移民安置年度投资计划及其审批文件材料	永久		
2.1.7	按规定确认的设代函、综合设计联系单、综合设计变更通知、度汛设计文件、专题设计文件以及工程截流、蓄水移民安置规划设计等综合设计文件材料	永久		
2.1.8	建设征地界桩布置设计文件,界桩分布图等文件材料	永久		
2.1.9	其他有关移民安置实施工作的文件材料	重要的	永久	
		一般的	30 年	
2.2	农村移民安置文件材料			
2.2.1	农村移民安置规划文件材料	永久		
2.2.2	农村移民人口情况表及人口变化情况表	永久		
2.2.3	农村移民安置意愿征求意见文件材料	永久		
2.2.4	农村移民安置区规划图、土地利用现状图、地形图	永久		

续表 4-1

序号	归档文件	保管期限	说明
2. 2. 5	农村移民安置点规划及基础设施设计资料，移民安置点基础设施、公共设施和居民房屋建设的招投标、合同和竣工验收等文件材料	永久	
2. 2. 6	移民生产安置用地调整、开垦、整治、改造、验收、移交和分配情况及确权文件材料	永久	
2. 2. 7	农村移民实物登记卡、补偿资金卡及补偿补助资金兑付相关手续和证明文件材料	永久	以户为单位建档
2. 2. 8	农村移民安置审批及资格审查文件材料；自谋出路安置申请书、符合条件证明及审批文件材料；自愿投亲靠友安置申请书、安置地接收证明及审批文件材料；“农转非”安置申请书及审批文件材料，搬迁安置协议文件材料	永久	以户为单位建档
2. 2. 9	农村居民的建设用地及其确权材料，农村移民搬迁前后的土地承包证、宅基地证、建房许可证、房产证或购房协议、户籍材料等	永久	以户为单位建档
2. 2. 10	移民村（组）集体财产调查核查表、补偿补助情况表，集体财产分割协议书和补偿资金卡，以及补偿补助资金兑付相关手续和证明文件材料	永久	以村镇或组为单位建档
2. 2. 11	安置前后移民村（组）土地情况及分户承包经营情况文件材料	永久	以村镇或组为单位建档
2. 2. 12	移民村（组）生产安置费使用管理情况，主要包括村民代表会议记录、申请报告及批复文件、建设项目文件材料等	永久	以村镇或组为单位建档
2. 3	城（集）镇迁建文件材料		
2. 3. 1	城（集）镇迁建规划及基础设施设计文件材料	永久	
2. 3. 2	新址占地情况及规划图、地形图	永久	
2. 3. 3	新址建设用地及其确权文件材料，场地平整、基础（市政）设施、公共设施的招投标、合同及竣工验收等文件材料	永久	
2. 3. 4	城（集）镇移民人口情况表及人口变化情况表	永久	

续表 4-1

序号	归档文件	保管期限	说明
2.3.5	城(集)镇移民和单位实物登记卡、补偿资金卡,以及补偿补助资金兑付相关手续和证明文件材料,搬迁安置协议文件材料	永久	移民以户为单位建档
2.3.6	城(集)镇移民和单位搬迁前后房产证或购房协议	永久	移民以户为单位建档
2.3.7	城(集)镇移民和单位新址房屋建设情况文件材料	永久	移民以户为单位建档
2.3.8	新址占地搬迁人口情况表及搬迁安置情况文件材料	永久	
2.4	工矿企业迁建(处理)文件材料		
2.4.1	工矿企业实物指标调查核查文件材料	永久	
2.4.2	工矿企业迁建或处理规划情况文件材料	永久	
2.4.3	工矿企业土地使用证、营业执照、采矿许可证、税务登记证、资产负债表、债权债务协议、企业权属证明、企业实景照片等文件材料	永久	
2.4.4	工矿企业迁建或处理实施情况及职工安置情况文件材料	永久	
2.4.5	工矿企业迁建或处理补偿补助资金兑付相关手续和证明文件材料	永久	
2.4.6	工矿企业补偿评估文件材料	永久	
2.4.7	工矿企业迁建(处理)验收文件材料	永久	
2.5	专项设施迁(复)建文件材料		
2.5.1	专项设施实物指标调查核查文件材料	永久	
2.5.2	专项设施迁(复)建规划文件材料	永久	
2.5.3	专项设施项目立项、勘察、设计、招投标、施工、监理、验收、交付使用等情况的材料及有关审批文件	永久	
2.5.4	专项设施项目用地审批文件	永久	
2.5.5	专项设施项目补偿补助资金兑付相关手续和证明文件材料	永久	

续表 4-1

序号	归档文件	保管期限	说明
2.6	库底清理文件材料		
2.6.1	库底清理实物调查核查文件材料	永久	
2.6.2	库底清理规划、设计、计划及实施方案	永久	
2.6.3	库底卫生清理、固体废物清理、建(构)筑物清理、林木清理的实施情况、工作报告和验收意见等文件材料	30 年	
2.6.4	库底清理资金拨付使用相关手续和证明文件材料	永久	
2.7	文物保护文件材料		
2.7.1	地下文物和地面文物调查核查表及原始记录文件材料	永久	
2.7.2	文物保护规划、计划、协议及实施方案	永久	
2.7.3	文物保护的实施情况、工作报告和验收意见等文件材料	永久	
2.7.4	文物保护资金拨付使用相关手续和证明文件材料	永久	
2.8	环境保护和水土保持文件材料		
2.8.1	环境保护和水土保持规划、计划、协议及实施方案、验收意见等文件材料	永久	
2.8.2	环境保护和水土保持项目的实施情况、工作报告和验收意见等文件材料	永久	
2.8.3	环境保护和水土保持资金拨付使用相关手续和证明文件材料	永久	
2.9	地质灾害防治文件材料		
2.9.1	地质灾害隐患调查核查文件材料	永久	
2.9.2	地质灾害防治规划、计划、协议及实施方案	永久	
2.9.3	地质灾害防治的实施情况、工作报告和验收意见等文件材料	永久	
2.9.4	地质灾害防治资金拨付使用相关手续和证明文件材料	永久	

续表 4-1

序号	归档文件	保管期限	说明
2.10	移民安置验收文件材料		
2.10.1	移民安置验收工作计划及工作大纲	永久	
2.10.2	工程阶段性和竣工移民安置验收(包括自验、初验和终验)的申请材料、验收会议文件材料、验收意见、验收报告和验收专家组、委员会签字表	永久	
2.10.3	有关单项移民工程验收意见及相关文件材料	永久	
2.10.4	有关移民安置验收的重要声像材料	永久	
3	水库移民后期扶持文件材料		
3.1	后期扶持人口核定登记有关文件材料	永久	
3.2	后期扶持人口变化情况文件材料	永久	
3.3	后期扶持方式确定有关文件材料	永久	
3.4	大中型水库移民后期扶持规划及其审批文件	永久	
3.5	大中型水库库区和移民安置区基础设施建设和经济发展规划及其审批文件	永久	
3.6	水库移民遗留问题处理专项规划及其审批文件	永久	
3.7	解决小型水库移民生产生活困难问题规划或方案及其审批文件	永久	
3.8	后期扶持年度计划(预算)及其批复文件	永久	
3.9	后期扶持项目立项、勘察、设计、招投标、施工、监理、验收、交付使用等情况的材料及有关审批文件	永久	
3.10	后期扶持资金收支情况文件材料	永久	
3.11	后期扶持直补到人资金兑付情况文件材料	永久	
3.12	后期扶持项目资金拨付使用情况文件材料	永久	

续表 4-1

序号	归档文件	保管期限	说明
3.13	其他有关水库移民后期扶持的文件材料	重要的 永久 一般的 30年	
4	移民工作管理监督文件材料		
4.1	移民工作规章制度、政策规定、管理办法	永久	
4.2	移民工作计划、总结、通知、汇报、奖惩等文件材料	重要的 永久 一般的 30年	
4.3	移民工作会议文件材料及移民工作大事记	重要的 永久 一般的 30年	
4.4	移民工作宣传报道、经验交流、调查研究、教育培训、统计报表等文件材料	重要的 永久 一般的 30年	
4.5	移民来信来访及接待处理情况、群体性事件及其处置情况文件材料	重要的 永久 一般的 30年	
4.6	移民工作行政监察、财务检查、资金审计和监督检查工作文件材料	永久	
4.7	移民稽察和内部审计工作文件材料	永久	
4.8	移民安置监督评估工作文件材料	永久	
4.9	水库移民后期扶持监测评估工作文件材料	永久	
4.10	其他有关移民工作管理监督的文件材料	重要的 永久	
5	移民资金财务管理文件材料	一般的 30年	
5.1	移民资金管理工作的有关政策法规、规章制度和管理办法	30年	
5.2	移民会计工作的有关规定、办法、细则	30年	
5.3	征地补偿和移民安置资金以及农村移民安置、城集镇迁建、工矿企业迁建(处理)、专业项目建设投资的概(估)算、预(决)算和资金拨付等文件材料	永久	

续表 4-1

<table>
<tr><th>序号</th><th>归档文件</th><th colspan="2">保管期限</th><th>说明</th></tr>
<tr><td>5.4</td><td>水库移民后期扶持资金预(决)算和资金拨付等文件材料</td><td colspan="2">永久</td><td></td></tr>
<tr><td>5.5</td><td>移民资金年度预算和移民工作专项经费的申请、批复和资金拨付等文件材料</td><td colspan="2">永久</td><td></td></tr>
<tr><td>5.6</td><td>移民资金收支情况的会计凭证、账簿</td><td colspan="2">永久</td><td></td></tr>
<tr><td rowspan="3">5.7</td><td rowspan="3">移民资金收支情况的会计报表</td><td>重要的</td><td>永久</td><td rowspan="3"></td></tr>
<tr><td>年报</td><td>30 年</td></tr>
<tr><td>季、月报</td><td>10 年</td></tr>
<tr><td>5.8</td><td>财务会计移交或销毁清册</td><td colspan="2">永久</td><td></td></tr>
<tr><td rowspan="2">5.9</td><td rowspan="2">其他有关移民资金财务管理的文件材料</td><td>重要的</td><td>永久</td><td rowspan="2"></td></tr>
<tr><td>一般的</td><td>30 年</td></tr>
</table>

每个项目都有自己的特点,从多个项目移民档案验收情况看,都难以达到严格按照“水利水电工程移民档案归档范围与保管期限表”进行归档的程度,主要原因有:一是移民工作中形成的材料,难以统一工作内容、名称等;二是实施过程不规范,简化工作程序和内容,造成很多文件材料缺失;三是业务部门与档案部门衔接不够,业务部门移交资料少,造成档案部门收集的资料不完整;四是档案管理人员少,对业务工作不熟悉,造成档案整编混乱,不能够进行分门别类、合理组卷。

在移民安置档案管理中,应参照“水利水电工程移民档案归档范围与保管期限表”,结合实际情况,制订项目档案分类方案、归档范围和档案保管期限表,并据此开展档案整编相关工作。以××地区××堤防工程竣工征地移民验收项目为例,该项目征地呈带状分布,人均占地少、移民搬迁安置少,相比较而言,征地移民资料内容单一、数量较少,形成的归档文件材料很难严格执行“水利水电工程移民档案归档范围与保管期限表”的要求。在具体实施过程中,县级移民实施管理机构结合项目实际情况,制定了一个资料分类归档结构图,非常直观,归类也比较切合实际,可供征地移民工作者参考使用。详见图 4-1。

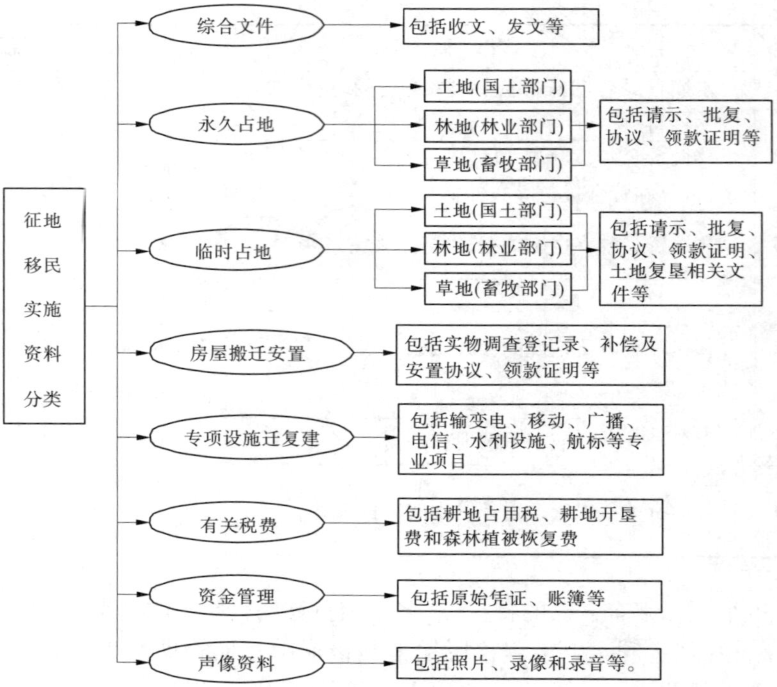

说明:(1)档案资料归档单位为卷、件、页。

(2)每个档案盒有若干卷;每卷有若干件;每件是一个相对独立的文件材料,有的 1 件材料是 1 页,有的 1 件材料是多页。

(3)每个档案盒内第 1 页为卷内目录,通常是以案卷为单位进行编制的。从卷内目录左边“序号”列,可以看出有多少件;从右边“页码”列可以看出,每件有多少页档案资料,起到方便查找的作用;最后 1 页是卷内备考表,是用来说明案卷内有关情况的一种表格,方便使用者和档案管理人员查考。

(4)征地移民资料要分类、集中存档。归档的纸质文件材料应为原件,且字迹工整、印制清晰、签章完备、日期等标识完整,制成、装订等材料符合耐久性要求。无法获取原件用复制件归档的,应标明原件所在位置。

图 4-1　××地区××堤防工程竣工征地移民资料分类结构图

4.1.1.3　财务决算

水利水电工程基本建设项目竣工财务决算是考核水利水电投资效益、核定新增资产价值、反映竣工项目设计概(预)算执行成果的文件。竣工财务决算是水利基本建设项目资产形成、资产移交和投资核销的依据。

水利工程基本建设项目应按照《水利基本建设项目竣工财务决算编制规程》(SL 19—2014)规定的内容、格式编制竣工财务决算。利用外资项目的竣工财务决算的编制除执行上述标准外,还应执行国家外资项目管理的有关规定。

移民安置资金财务决算暂按《水利基本建设项目竣工财务决算编制规程》(SL 19—2014)非工程类项目竣工财务决算报表格式编制。

财务决算是在移民安置工作完成后、移民竣工验收之前,在移民工程完工结算、补偿补助费用兑付结算的基础上开展的,是对实施的水利水电工程移民安置补偿费用进行决算,明确补偿费用最终使用情况,并对补偿费用概算使用情况做出财务决定。

4.1.1.4　政府审计

水电工程移民验收规程提出:应由验收委员会主任委员单位提请省级人民政府及有关部门组织进行移民资金专项审计。水利工程移民验收规程没有明确的要求。

初验和终验前,移民资金使用管理情况应通过地方政府审计部门(或验收主持单位同级审计部门)审计,并取得审计意见。

(1)审计目的。审计人员依法对移民项目竣工决算的正确性、真实性、合法性和实现的经济效益、社会效益及环境效益进行检查、评价和鉴证。其主要的目的是保障建设资金合理、合法使用,正确评价投资效果,促进总结建设经验,提高建设项目管理水平。

(2)审计报告。审计机关依据《中华人民共和国审计法》和其他法律法规,对被审计的项目出具的政府审计报告。

(3)审计组织形式。建设项目竣工验收主持单位的水利审计部门是其竣工决算审计的审计主体。水利审计部门在开展竣工决算审计时,应根据实际情况确定审计组织形式,可分为自行开展和委托社会审计机构开展两种形式。

社会审计机构(如会计师事务所)要依照审计合同约定和注册会计师执业规范规定,认真开展审计工作,客观真实反映资金管理情况,依规出具审计报告。

(4)审计程序。竣工决算审计的程序应包括以下四个阶段:

①审计准备阶段,包括审计立项、编制审计实施方案、送达审计通知书

等环节。

②审计实施阶段，包括收集审计证据、编制审计工作底稿、征求意见等环节。

③审计报告阶段，包括出具审计报告、审计报告处理、下达审计结论等环节。

④审计终结阶段，包括整改落实和后续审计等环节。

审计结论应直接下达项目法人或项目主管部门，必要时可抄送相关单位。审计结论下达后，水利审计部门应将审计报告、审计结论文件及相关审计资料及时归档。项目法人和相关单位应按照水利审计部门下达的审计结论进行整改落实，并将整改落实情况书面报送水利审计部门。项目法人和相关单位必须执行审计决定，落实审计意见，采纳审计建议。

项目法人和相关单位应在收到审计结论 60 个工作日内执行完毕，并向水利审计部门报送审计整改报告；确需延长审计结论整改执行期的，应报水利审计部门同意。

4.1.1.5　移民安置区建设用地手续办理

水利工程移民验收规程提出建设用地手续办理不作为验收评定合格的必要条件。水电工程移民验收规程对此没有明确的要求。但作为重要的工作，在验收准备工作期间，县级移民实施管理机构应抓紧组织办理移民安置区建设用地手续，一般要求缴纳耕地开垦费、耕地占用税、被征地农民社会保障金等费用。

4.1.1.6　编制移民安置实施工作报告

依据《水利水电工程移民安置验收规程》(SL 682—2014)，地方人民政府应编制本级移民安置实施工作报告，主要内容包括以下(不限于)。

1　工程建设征地影响情况

包括工程概况、移民安置规划和实施情况。

2　移民安置政策文件制定情况

包括各级人民政府及其移民实施管理机构和项目法人制定的移民安置政策文件。

3　移民安置实施管理情况

包括组织实施机构的成立及职责，设计、监督评估等单位的确定及承担的任务，实施计划、实施管理过程和各阶段采取的主要措施等。

3.1　计划管理

包括计划管理制度、年度计划及投资计划的管理、计划执行情况、计划动态管理等内容。

3.2　项目管理

包括项目法人责任制、招投标、设计、施工、监理、验收及移交等管理情况。

3.3　资金管理

包括财务管理制度、人员岗位设置、资金拨付程序、审计监督等内容。

3.4　质量管理

包括项目质量控制体系建设、重要质量关口控制、质量监管情况等内容。

3.5　监督管理

包括移民安置监督及奖惩、制度的建立与执行情况等。

3.6　档案管理

包括移民档案收集、整理、归档、管理及验收等情况。

4　农村移民安置规划实施情况

4.1　农村移民安置情况

包括安置协议签订、实物量调查及公示、补偿标准及补偿资金公示、补偿资金兑付过程、房屋拆迁及地面附着物清除、移民生产生活安置情况等。

4.2　永久占地实施情况

包括征地补偿协议签订情况、确认勘测定界技术成果、缴纳有关税费、永久占地(土地、林地和草地)组卷报批情况等。

4.3　临时占地实施情况

包括临时占地使用、土地复垦实施方案编制及评审、施工单位选择、实施管理、验收及用地移交、临时占地(土地、林地和草地)组卷报批情况等。

5　城(集)镇迁建规划实施情况

包括移民和企事业等单位房屋搬迁与建设情况,个人和单位财产补偿费兑付情况等。

6　工矿企业迁建或者处理规划实施情况

包括工矿企业完成迁建或者处理情况、补偿资金兑付情况、职工安置情况等。

7　专项设施迁建或者复建规划实施情况

包括专项设施迁复建规划完成情况、资金兑付情况、专项设施、验收及移交情况等。

8　防护工程建设规划实施情况

包括防护工程建设按规划设计完成情况、资金拨付情况、验收落实情况等。

9　水库库底清理实施情况

包括按规划和库底清理实施方案完成情况、相关部门验收情况、资金拨付情况等。

10　移民资金使用管理情况

10.1　移民安置投资概算批复情况

包括初设和实施规划(方案)等阶段批复情况。

10.2　移民安置资金拨付使用情况

包括资金拨入和拨付情况等。

10.3　移民安置资金财务管理情况

包括财务管理制度建设、人员配置与分工、具体做法等。

10.4　移民安置资金竣工财务决算情况

包括竣工财务决算说明书和竣工财务决算报表。

10.5　稽察审计及整改落实情况

包括各级部门稽察审计情况和整改落实情况。

11　移民安置档案管理情况

11.1　移民档案管理制度及执行情况

包括移民档案管理制度建立与执行情况。

11.2　移民档案资料收集整理及归档情况

包括档案收集、整理和分类情况,完成每类档案卷数、件数。

12　水库移民后期扶持政策落实情况

包括核定人口、扶持方式,直补资金发放情况,项目实施受益和效果情况等。

13　存在问题及处理意见

包括遗留问题和新增问题,需要上级部门和本级部门协调处理的意见。

14　移民安置效果评价

分类别评价实施效果,重点评价移民搬迁安置前后变化情况及效果。

15　移民实施大事记(可单独成册)

列举从项目立项到现在的主要移民安置活动和事件。

16　样本资料(可单独成册)

具有代表性,类别齐全、内容完整,能够反映征地和移民搬迁安置过程以及形成的工作成果。

4.1.1.7　制作移民安置实施情况声像资料

移民安置自验、初验和终验大会均有观看移民安置情况声像资料议程。

移民安置实施情况声像资料应由项目法人、与项目法人签订移民安置协议的地方人民政府提供。多数情况下,县级移民管理机构或项目法人聘请专业的视频拍摄机构协助制作,注意内容全面、解说简练、准确,能够展现出良好的工作作风和精神风貌等细节,以便更好地反映移民搬迁安置情况。

4.1.2　移民安置验收工作的推动

4.1.2.1　拟订自验工作方案

自验工作方案中应明确验收的依据、范围、程序、组织、标准和方法等,方案应内容全面,具有可操作性。重点和难点是工作方案中确定的验收表格,填写验收表格需要花费大量的时间,还需有一支认真负责、耐心细致、技术过硬的专业队伍。

4.1.2.2　提出自验委员会组成方案建议

移民安置验收应当组织成立验收委员会。验收委员会由验收组织单位、项目主管部门、有关地方人民政府及其移民管理机构和相关部门、项目法人、移民安置规划设计单位、移民安置监督评估单位,以及其他相关单位的代表和有关专家、移民代表组成。验收委员会主任委员由移民安置验收组织单位代表担任。

移民安置验收委员会的成立标志着移民安置验收工作正式启动,将有力督促各单位完成各自的工作任务,有力整体推进移民安置验收工作。

尽管移民安置验收是按照自下而上的顺序组织进行的,但推动验收工作不一定按照这样的顺序,需要及时调整思路,转变工作作风。

4.1.2.3　报县级以上人民政府批准印发

移民安置自验工作方案和自验委员会成员名单基本确定后,报县级或以上人民政府(办公室)审核,政府领导批准后正式印发。

4.1.2.4 组织成立验收工作组

根据工作需要,组织成立分类别验收工作组(专家组),并由若干名规划设计、工程管理、法律、财务、档案等不同专业的专家和人员组成,承担移民安置技术验收具体工作,并形成验收意见。

4.1.2.5 视情况委托技术服务单位

坚持市场导向,探索政府购买技术服务新机制。当前形势下,各地能够履行主体职责,认真对待验收工作,经常聘请有相应资质或业绩能力的单位和技术人员进行现场指导,并提供多方面的验收技术服务。

4.1.3 组织移民安置技术验收

移民安置技术验收包括农村移民安置、城(集)镇迁建、工矿企业迁建或者处理、专项设施迁建或者复建、防护工程建设、水库库底清理、移民资金使用管理、移民档案管理、水库移民后期扶持政策落实情况、建设用地手续办理等类别。移民安置技术验收实际上就是移民安置分类别验收,称谓不同,实质内容相同。

4.1.3.1 组织各验收工作组开展分类别验收

依据《水利水电工程移民安置验收规程》(SL 682—2014),水利水电工程移民安置验收分农村移民安置、城(集)镇迁建、工矿企业迁建或者处理、专项设施迁建或者复建、防护工程建设、水库库底清理、移民资金使用管理、移民档案管理、水库移民后期扶持政策落实情况、建设用地手续办理等类别。

移民安置验收包括工程阶段性移民安置验收和工程竣工移民安置验收,每个阶段按照自验、初验、终验顺序组织进行,并形成相应的分类别验收意见。

移民安置验收合格标准在移民安置验收的不同阶段而不同,要求越来越高。各阶段移民安置验收分类别验收的内容与标准参见前述内容。

4.1.3.2 组织编制移民安置自验报告

各验收工作组开展分类别验收后应按分组形成验收意见。在各工作组验收意见的基础上编制形成移民安置自验报告。

4.1.4 组织移民安置自验会议

为了按期组织召开移民安置验收会议,会前移民实施管理机构还需做一些准备工作，主要包括验收会议会场布置，起草发言材料（各单位自行或统一整理，统一印发），起草主持词和领导讲话（如需），验收委员会成员和验收工作组成员每人1套会议材料和必备的笔、本、文件袋（包）等。

领导总结讲话是为了安排部署下一步工作，应主题明确，重点突出，为下一步初验和终验工作奠定基础。

移民安置自验大会议程在第9章叙述。

移民安置自验应形成验收报告。移民安置验收报告应经2/3以上的验收委员会委员同意，并在移民安置验收报告上签字。对移民安置验收报告持不同意见的，应在移民安置验收报告中明确记载其保留意见并签字。移民安置验收中发现的问题，其处理原则由验收委员会协商确定，主任委员对争议问题有裁决权。

4.1.5　组织开展移民安置自验问题的整改

移民安置自验会议提出的问题，包括会前、会中、会后有关单位反映的问题，自验委员会要督促责任部门及时解释说明或整改，避免移民验收流于形式。

自验委员会提出的问题，需要本级有关部门解决的，应在规定的时间内完成；需要上级部门协调解决的，应按规定程序上报。

对移民安置验收报告中提出的问题，有关单位应按处理意见及时整改。

4.1.6　编制自验问题整改报告并报自验组织单位

县级移民实施管理机构在自验报告所提问题得到整改后，着手编制移民安置自验存在问题整改情况报告，并报移民安置自验组织单位。

整改报告的内容包括移民安置自验报告中提出的问题、逐项整改情况、需要说明的有关问题等。

4.1.7　申请初验

移民安置自验组织单位应在通过移民安置自验之日起30个工作日内，向初验组织单位提出初验申请。县级移民实施管理机构应代县级人民政府起草初验申请。

按照验收意见完善后的自验报告，应随初验申请文件一起上报。

4.2 初验阶段

移民安置初验是指签订移民安置协议的双方共同对移民安置工作进行的检查和验收。县级移民实施管理机构在本阶段主要是配合初验组织单位的工作,参加初验工作,按照初验验收报告要求对有关问题进行整改。

4.2.1 配合初验组织单位工作

初验启动后,县级移民实施管理机构配合初验组织单位工作包括提供有关移民安置档案资料、移民安置自验成果、安排好现场检查、解答有关问题等。

为了提高工作效率,建议移民安置自验组织单位做好初验各项准备工作,及时沟通,协调解决移民安置实施中存在的问题,为促进水利水电工程移民搬迁安置验收工作创造良好条件。

4.2.2 编制移民安置自验及存在问题整改情况的报告

县级移民实施管理机构在自验完成后应着手编制移民安置自验及存在问题的整改情况的报告。该报告的内容包括移民安置自验工作的组织实施情况、自验现场检查和验收会议情况、存在问题整改情况、需要说明的有关问题等。

县级人民政府将移民安置自验及存在问题整改情况的报告随文上报。

4.2.3 参加初验会议并作报告

为适应向初验大会报告的要求,根据安排,县级移民实施管理机构可代县人民政府准备报告的简易版报告(发言材料)和完整版报告(会议材料)。

4.2.4 按照要求开展移民安置初验问题的整改

初验委员会提出的问题,多数需要县级移民实施管理机构整改。县级移民实施管理机构应按照要求的时限和质量标准及时开展整改工作。

4.2.5 编制初验问题整改报告并报初验组织单位

县级移民实施管理机构应在初验问题整改后编制移民安置初验问题整

改报告,并及时提交初验组织单位。由初验组织单位汇总形成整个工程的初验问题整改情况报告,准备向终验大会报告。

整改报告的内容包括移民安置初验报告中提出的问题、逐项整改情况、需要说明的有关问题等。

4.3　终验阶段

移民安置终验是指移民安置验收主持单位对移民安置工作进行的检查和验收。县级移民实施管理机构在本阶段主要是配合终验组织单位的工作,参加终验大会,按照终验验收报告要求对有关问题进行整改。

4.3.1　配合终验主持单位工作

终验启动后,县级移民实施管理机构配合终验主持单位的工作包括提供有关移民安置档案资料、移民安置自验和初验成果、安排好现场检查、解答有关问题等。

为了提高工作效率,建议移民安置初验组织单位协助做好终验各项准备工作,及时与终验主持单位沟通,协调解决移民安置实施中存在的问题,推动移民安置验收工作顺利进行。

4.3.2　参加终验会议并做好答疑等工作

县级移民实施管理机构代表应参加终验大会,并在大会上做好验收委员会提出各项问题的解释说明等工作。

4.3.3　组织开展终验问题的整改

移民安置终验委员会提出的问题,需要县级人民政府及移民实施管理机构解决的,应在规定的时间内完成。

4.3.4　编制终验问题整改报告并报终验主持单位

形成整改报告经县级人民政府同意后先报初验组织单位,再由初验组织单位报终验主持单位。

整改报告的内容包括移民安置终验报告中提出的问题、逐项整改情况、需要说明的有关问题等。

第 5 章 县级以上移民实施管理机构的验收工作内容

5.1 市级移民实施管理机构

移民安置项目不同,市级移民实施管理机构有关职能也不尽相同。有的移民安置项目,市级移民实施管理机构代市级人民政府与项目法人签订移民安置协议,全过程组织本区域内移民安置工作,有时还承担了一些具体项目的实施工作;有的移民安置项目,项目法人与县级人民政府签订移民安置协议,市级移民实施管理机构的主要工作是在省级移民管理机构的指导下,指导协调县级人民政府及其移民实施管理机构做好移民安置工作。

市级移民实施管理机构参与移民安置工作的程度不同,决定了移民安置验收的参与程度也不相同。

5.1.1 自验阶段

市级移民实施管理机构在自验阶段的工作任务一般包括:

(1)指导、监督县级移民安置自验工作。

(2)如果市级移民实施管理机构承担着移民安置实施任务,需要按验收规定的程序和方法组织移民安置自验。

根据项目投资规模、性质、复杂程度等实际情况,单独进行移民安置自验工作,或与移民安置初验工作一并进行。

(3)如果市级移民实施管理机构未承担移民安置实施任务,不需要组织移民安置自验工作,视情况参与本行政区域内县级移民安置自验工作,包括参与现场检查验收和移民安置自验大会等。

5.1.2 初验与自验合并进行的情况

根据有关规定,移民安置工作仅涉及一个县级行政区域的,移民安置初验可与自验合并进行。

市级人民政府在接到县级人民政府关于申请开展移民安置验收(包括初验和自验合并验收情况)的报告请示后,应视具体情况,批示县级人民政府会同市级移民实施管理机构和项目法人共同开展移民安置验收。

初验与自验合并进行时,验收的组织单位一般应为县级人民政府与市级移民实施管理机构及项目法人。验收委员会主任委员根据情况可由市级移民实施管理机构负责人或县级人民政府负责人担任。市级移民实施管理机构派员参加或组织有关验收工作组,与县级人民政府和项目法人共同形成移民验收报告(包括初验与自验合并验收情况)。

5.1.3　初验阶段

5.1.3.1　验收组织

移民安置初验工作是否由市级人民政府会同项目法人组织进行,分两种情况:一是初验工作应由市级人民政府会同项目法人组织进行的情况;二是初验工作不由市级人民政府负责的情况,比如移民安置工作仅涉及一个县级行政区域的,或多个市级行政区域的,或议定的其他情况。

5.1.3.2　初验工作由市级人民政府会同项目法人组织进行的情况

市级移民实施管理机构根据市级人民政府的批示,启动初验工作,主要工作包括以下内容。

1. 准备阶段

(1)对各有关县级自验工作进行检查调研。

(2)检查档案整理情况。

(3)检查财务决算情况,编制整个移民项目的财务决算。

(4)检查各县移民安置资金政府审计情况,组织整个移民项目通过政府审计;政府审计工作一般是由与验收主持单位同级的政府审计部门进行的,在具体实施过程中,情形较多,基本以县级审计部门完成审计为最低接受标准。

(5)检查移民安置实施工作报告编制情况。

(6)检查制作或者与项目法人联合制作移民安置实施声像资料情况。

2. 推动移民安置初验工作

1)拟订移民安置初验工作方案

一般情况下,市级移民实施管理机构商项目法人,代市级人民政府拟订初验工作方案。

2)拟订移民安置验收委员会组建方案

一般情况下,市级移民实施管理机构商项目法人,代市级人民政府拟订初验委员会组建方案。

3)报市级人民政府同意后印发

可以由市级人民政府直接印发,也可以由市级人民政府与项目法人联合印发。

4)成立验收工作组

按照市级人民政府印发的移民安置初验工作方案,组织成立分类别验收工作组(专家组),明确各工作组职责和分工。

5)聘请第三方服务机构

根据移民安置工作的复杂程度和市级、县级移民实施管理机构人员力量情况,决定是否聘请第三方服务机构协助做好初验工作。可通过直接委托或招投标等方式,选择一家技术过硬的验收服务单位,全过程参与、协助、指导移民安置验收工作,包括自验、初验和终验全过程,也可以只针对某个阶段(如自验,或初验、或终验)的验收服务工作进行委托。

3. 组织移民安置技术验收

市级移民实施管理机构应会同项目法人以移民安置初验委员会的名义组织开展以下工作。

1)组织各验收工作组开展分类别验收

分类别验收应按照初验验收方法进行,做好抽样检查工作。

2)组织编制移民安置验收有关报告

各移民验收工作组应分类别编制移民安置验收报告或提交移民安置验收工作组验收意见。

4. 提出验收评定意见

市级移民实施管理机构应会同项目法人根据各验收工作组的验收意见,组织各验收工作组研究提出验收评定意见。

5. 组织移民安置初验会议

按照确定的移民安置初验大会议程进行,移民安置初验应形成验收报告。移民安置验收报告应经2/3以上的验收委员会委员同意,并在移民安置验收报告上签字。对移民安置验收报告持不同意见的,应在移民安置验收报告中明确记载其保留意见并签字。移民安置验收中发现的问题,其处理原则由验收委员会协商确定,主任委员对争议问题有裁决权。

6. 组织开展初验问题的整改

移民安置初验委员会在移民安置验收报告中提出的问题，市级移民实施管理机构应督促有关县级人民政府及移民实施管理机构等部门和单位在规定的时间内完成；需要上级协调解决的，应按规定程序上报。

7. 编制初验问题整改报告并上报初验组织单位

市级移民实施管理机构应在初验问题整改后，汇总本行政区域内各县级政府提交的初验问题整改报告，编制移民安置初验整改报告，及时向初验组织单位提交，并准备向终验大会报告。

报告的内容包括移民安置初验报告中提出的问题、逐项整改情况、需要说明的有关问题等。

5.1.3.3 **初验工作不由市级人民政府负责的情况**

当初验工作与自验工作合并进行时，一般以县级人民政府为主进行验收，市级移民实施管理机构应作为市级人民政府业务主管部门参与初验工作，履行监督指导职责。

当初验工作由省级人民政府或其移民管理机构负责时，市级移民管理机构应按照省级移民管理机构的要求做好有关工作。

5.1.4 终验阶段

当移民安置初验工作由市级人民政府会同项目法人进行的情况下，市级移民实施管理机构作为市级人民政府移民业务主管部门，终验阶段主要工作有以下内容。

5.1.4.1 **代拟终验申请**

市级移民实施管理机构应代市级人民政府拟订终验申请，以市级人民政府名义行文向终验主持单位提交终验申请。

5.1.4.2 **配合终验主持单位的工作**

终验启动后，按照验收主持单位等要求，配合做好终验各项工作。包括提供有关移民安置档案资料、移民安置自验和初验成果，安排好现场检查，解答有关问题等。指导县级移民实施管理机构做好上述工作。

5.1.4.3 **参加终验大会并做好答疑等工作**

市级移民实施管理机构代表应参加终验大会，并在大会上做好验收委员会提出各项问题的解释说明等工作。

5.1.4.4　做好终验问题整改工作

按照终验验收意见,组织或指导县级移民实施管理机构做好有关问题的整改,并提交整改工作情况报告。需要市级人民政府整改的问题,按要求及时组织整改。

5.1.4.5　编制终验问题整改报告并上报终验主持单位

在各县级终验问题整改报告的基础上,形成市级终验整改报告,经市级人民政府同意后报终验主持单位。

验收报告的内容包括移民安置终验报告中提出的问题、逐项整改情况、需要说明的有关问题等。

5.2　省级移民管理机构

省级移民管理机构作为省级人民政府移民业务主管部门,负责本行政区域内水利水电工程移民安置工作的管理与监督。

国务院水行政主管部门主持验收的大中型水利水电工程,移民安置终验应由国务院水行政主管部门会同有关省级人民政府主持,其余水利水电工程的移民安置终验应由省级人民政府或其指定的移民管理机构主持。

因此,省级移民管理机构在移民安置验收的组织方面起着非常关键的作用。

5.2.1　验收准备阶段

(1)按照验收主持单位同意或印发的验收工作计划,拟订省级移民安置验收工作方案(或验收工作计划)。

(2)根据移民安置投资规模和实际情况,编制移民安置验收实施细则。

(3)组织召开移民安置验收工作启动会议。

(4)开展验收工作培训。

(5)视情况委托移民安置验收技术服务单位。

5.2.2　自验阶段

(1)对县级自验工作进行指导和监督。

(2)如果省级移民管理机构承担着移民安置实施任务,需要按验收规定的程序和方法组织本级自验。

根据移民项目投资规模、性质、复杂程度等情况，投资规模较大的项目应组织进行专项自验工作，投资规模较小的项目可以和初验工作一并进行。

(3)如果省级移民管理机构未承担具体的移民安置实施任务，不需要组织本级自验工作。

5.2.3　初验阶段

(1)对市级初验工作进行指导和监督。

(2)如果省级移民管理机构承担着移民安置实施任务，需要按验收规定的程序和方法组织验收。根据项目投资规模、性质、复杂程度等情况，可以和初验工作一并进行。

5.2.4　终验阶段

移民安置终验主持工作分为三种情况：一是由国务院有关部门会同省级人民政府主持，二是由省级人民政府主持，三是由省级人民政府规定的移民管理机构主持。

5.2.4.1　由国务院有关部门会同省级人民政府主持的情形

以水利工程为例，省级移民管理机构根据省级人民政府对各市级人民政府上报的关于申请开展移民安置终验工作的批示，代省级人民政府拟订终验申请，报国务院水行政主管部门。根据国务院水行政主管部门的意见启动终验工作。

移民安置终验主要工作有以下内容。

1. 完成基础工作

(1)对各有关县级自验工作进行检查调研；

(2)对各有关市级初验工作进行检查调研；

(3)检查移民档案整理情况；

(4)检查财务决算完成情况；

(5)检查政府审计完成情况；

(6)检查历次移民安置验收工作中提出的问题的整改情况；

(7)商议制作移民安置实施情况声像资料。

2. 做好终验准备工作

(1)按照国务院水行政主管部门的要求拟订终验工作方案；

(2)根据国务院水行政主管部门的意见协商拟订验收委员会组建

方案；

(3)经省政府同意后报国务院水行政主管部门；

(4)按照国务院水行政主管部门同意或印发的终验工作方案，组织成立分类验收工作组(专家组)；

(5)根据情况决定聘请验收技术服务单位。

3. 参与组织移民安置技术验收

按照国务院水行政主管部门同意或印发的终验工作方案，参与组织移民安置技术验收，主要工作有：

(1)组织各验收工作组开展分类别验收；

(2)组织编制移民安置验收相关报告。

4. 参与组织召开移民安置终验会议

按照国务院水行政主管部门同意或印发的终验工作方案，参与组织召开移民安置终验大会。

5. 组织开展终验问题的整改

省级移民管理机构应责成有关市级和县级移民实施机构以及项目法人对验收工作报告中反映的问题和验收会上提出的问题要逐一认真整改，明确责任部门和完成时限。

6. 编制终验问题整改报告并上报终验主持单位

省级移民管理机构应在审核汇总各市级移民实施管理机构和项目法人整改报告的基础上，形成终验整改报告，经省级人民政府同意后报终验主持单位。

验收报告的内容包括移民安置终验报告中提出的问题，逐项整改情况，需要说明的有关问题等。

5.2.4.2　由省级人民政府主持的情形

省级移民管理机构根据省级人民政府对各市级人民政府上报的关于申请开展移民安置终验工作的批示意见，启动终验工作。

移民安置终验主要工作有以下内容。

1. 完成基础工作

(1)对各有关县级自验工作进行检查调研；

(2)对各有关市级初验工作进行检查调研；

(3)检查移民档案整理情况；

(4)检查财务决算完成情况；

(5)检查政府审计完成情况;

(6)检查历次移民安置验收工作中提出的问题的整改情况;

(7)商议制作移民安置实施情况声像资料。

2. 做好终验准备工作

(1)拟订终验工作方案;

(2)拟订验收委员会组建方案;

(3)报省级人民政府同意后印发;

(4)按照终验工作方案组织成立分类验收工作组(专家组);

(5)根据情况决定聘请验收技术服务单位。

3. 组织移民安置技术验收

按照省级人民政府同意或印发的终验工作方案,组织移民安置技术验收,主要工作有:

(1)组织各验收工作组开展分类别验收;

(2)组织编制移民安置验收相关报告。

4. 组织召开移民安置终验会议

按照省级人民政府同意或印发的终验工作方案,组织召开移民安置终验大会。

5. 组织开展终验问题的整改

省级移民管理机构应责成有关市级和县级移民实施机构、项目法人对验收工作报告中反映的问题和验收会上提出的问题要逐一认真整改,明确责任部门和完成时限。

6. 编制终验问题整改报告并上报终验主持单位

省级移民管理机构应在审核汇总各市级移民实施管理机构和项目法人整改报告的基础上,形成终验整改报告,报省级人民政府。

报告的内容包括移民安置终验报告中提出的问题、逐项整改情况、需要说明的有关问题等。

5.2.4.3　由省级人民政府规定的移民管理机构主持的情形

省级移民管理机构根据各市级人民政府上报的关于申请开展移民安置终验工作的报告请示,决定启动终验工作。

移民安置终验主要工作有以下内容。

1. 完成基础工作

(1)对各有关县级自验工作进行检查调研;

(2)对各有关市级初验工作进行检查调研;

(3)检查移民档案整理情况;

(4)检查财务决算完成情况;

(5)检查政府审计完成情况;

(6)检查历次移民安置验收工作中提出的问题的整改情况;

(7)商议制作移民安置实施情况声像资料。

2. 做好终验准备工作

(1)制订终验工作方案;

(2)制订验收委员会组建方案;

(3)印发终验工作方案和验收委员会成立文件;

(4)按照终验工作方案组织成立分类验收工作组(专家组);

(5)根据情况决定聘请验收技术服务单位。

3. 组织移民安置技术验收

按照项目主管部门(移民管理机构)同意或印发的终验工作方案,组织移民安置技术验收,主要工作有:

(1)组织各验收工作组开展分类别验收;

(2)组织编制移民安置验收相关报告。

4. 组织召开移民安置终验会议

按照项目主管部门(移民管理机构)同意或印发的终验工作方案,组织召开移民安置终验大会。

5. 组织开展终验问题的整改

省级移民管理机构应责成有关市级和县级移民实施机构对验收工作报告中反映的问题和验收会上提出的问题要逐一认真整改,明确责任部门和完成时限。

6. 对市级移民实施管理机构和项目法人提交的终验问题整改报告进行审核

省级移民管理机构应对市级移民实施管理机构和项目法人提交的问题整改报告进行审核,确保移民安置问题得到解决。

第6章 项目法人的验收工作内容

依据《移民条例》等规定,移民安置达到阶段性目标和移民安置工作完毕后,省、自治区、直辖市人民政府或者国务院移民管理机构应当组织有关单位进行验收;移民安置未经验收或者验收不合格的,不得对大中型水利水电工程进行阶段性验收和竣工验收。因此,为了确保大中型水利水电工程建成后及时发挥效益,项目法人应高度重视移民安置验收工作,全力做好自身应承担的验收工作并协助、配合做好移民实施机构的验收工作。

6.1 推动验收工作的启动

项目法人在验收工作中不只是参与角色,很多时候也担任组织、协调角色,起着沟通上下、协调左右、联系各方的作用。

6.1.1 协商推动验收工作的启动

根据主体工程建设计划和移民安置计划,项目法人要及时与签订移民安置协议的地方人民政府沟通协商,督促各移民实施机构完成各项移民安置实施工作;及时向移民安置验收主持单位(国务院有关部门或者省级人民政府或者省级移民管理机构)汇报,尽早启动移民安置验收工作。

6.1.2 会同编制移民安置验收工作计划报验收主持单位备案

在充分沟通协商的基础上,项目法人应会同与其签订移民安置协议的地方人民政府编制移民安置验收工作计划,并报移民安置验收主持单位备案。移民安置验收工作计划应对移民安置自验和初验工作作出安排,对移民安置终验提出建议。移民安置验收工作计划内容应包括移民安置验收的组织和主持单位、时间安排和验收的依据、范围、内容、程序、方法、标准等。

6.1.3 视情况委托移民验收技术服务单位

针对移民安置实施工作的复杂程度和各级移民安置实施机构人员力量

情况,决定是否聘请第三方技术服务单位,帮助开展移民安置验收工作;决定服务的范围和深度。第三方验收技术服务内容是多方面的,比如在培训方面,采取以会代培的形式,全面讲解移民安置验收工作,培训移民安置验收人员,可以起到事半功倍的效果;在档案整理方面,结合项目具体情况,指导制定移民档案整理技术要求,协助完成移民档案分类整理和归档等工作,确保移民档案的完整、准确、系统、规范与安全;在验收工作方面,起草移民验收工作计划,拟订各阶段移民安置验收委员会组建和验收工作方案主要内容,协助编制验收相关工作报告,指导移民安置验收会议等各项准备工作。

6.2 验收准备工作

6.2.1 工作收尾

6.2.1.1 督促完成移民安置各项收尾工作

移民安置收尾工作主要包括:

(1)各级政府负责组织的移民安置工作;

(2)项目法人委托各有关行业部门和其他单位组织的专业项目实施工作;

(3)由项目法人自己负责实施的移民安置有关工作。

6.2.1.2 完成移民资金的拨付与结算

移民资金的拨付与结算主要包括:

(1)按照批复的概算和年度投资计划拨付移民资金;

(2)严格执行财务管理有关规定,加强合同(协议)管理,落实重要批示文件、会议纪要等文件精神,做好移民资金的结算。

6.2.2 档案整理

项目法人对水利水电工程档案工作负总责。须认真做好自身产生档案的收集、整理、保管工作,并应加强对各参建单位工作的监督、检查和指导;建立健全档案管理规章制度;接收和汇总各参建单位档案;提交工程建设项目档案预验收和专项验收报告。

移民档案工作应与移民工作实行同步管理,做到同部署、同实施、同检

查、同验收。在档案整理时,应注意以下几点:

(1)原则。移民档案整理应遵循维护档案材料原貌,保持文件材料之间的有机联系和成套性特点,便于保管和方便利用的原则。归档文件材料应以项目为单位进行整理,不同项目的文件材料应分类标识、分别组卷。

(2)内容。移民档案主要包括移民安置前期工作、移民安置实施工作、水库移民后期扶持工作、移民工作管理监督、移民资金财务管理等方面的文件材料。认真执行《水利水电工程移民档案管理办法》(档发〔2012〕4号)文件及其附件《水利水电工程移民档案归档范围与保管期限表》等规定。

在移民工作过程中,应做好反映移民工作重要阶段或成果的照片、录音、录像等声像材料的收集、整理和归档工作。

(3)要求。归档的纸质文件材料应为原件,且字迹工整、印制清晰、签章完备、日期等标识完整,制成、装订等材料符合耐久性要求。无法获取原件用复制件归档的,应标明原件所在位置。

(4)移交。移民档案移交时,交接双方应办理交接手续,明确档案数量(附文件或案卷目录清册)、交接日期,由经办人、负责人签字,并加盖单位公章。

(5)验收。移民档案验收是水利水电工程竣工移民安置验收的重要内容,应提前或与移民安置验收同步进行。凡移民档案内容与质量达不到要求的移民档案,不得通过移民档案验收;未通过移民档案验收或移民档案验收不合格的,不得进行或通过工程竣工移民安置验收。

移民安置验收时,验收委员会应组成移民档案验收组。移民档案验收组应由档案行政管理部门、验收组织单位、项目法人及有关单位的档案人员和相关专家组成,其组长应为移民安置验收委员会成员。移民档案验收的主要意见和结论应写入移民安置验收报告。

水利水电工程竣工验收完成后,项目法人应当按国家有关规定办理档案、固定资产移交等相关手续,负责工程档案资料的管理,包括对各参建单位相关档案资料的收集、整理、归档工作进行监督、检查。

6.2.3　财务决算

编制竣工财务决算是水利基本建设项目财务管理的主要内容,也是项目竣工验收的必要条件。项目法人应做好移民安置资金的财务决算。

竣工财务决算反映了工程建设管理、工程概算执行、资产的形成及移交情况，是对项目整个建设过程财务情况的总结，为工程竣工验收、建成固定资产、办理资产移交和投资核销提供重要依据。

（1）编制依据。财务决算编制的主要依据是《水利部基本建设项目竣工财务决算管理暂行办法》（水财务〔2014〕73 号）和《水利基本建设项目竣工财务决算编制规程》（SL 19—2014）等。

（2）编制主体。水利基本建设工程类项目竣工财务决算编制责任主体为项目法人，非工程类项目竣工财务决算编制主体为项目责任单位。工程施工、设计、监理和征地移民安置实施等参建单位应配合项目法人做好竣工财务决算编制工作。

与项目法人签订移民安置协议的地方人民政府或其移民管理机构是移民资金财务决算报告编制单位。

项目法人和其他单位可委托具有相关资质和相应专业人员的社会中介机构或有能力的单位承担竣工财务决算编制工作。

（3）编制期限。大中型工程类项目在竣工后 3 个月内完成编制，非工程类项目在竣工后 1 个月内完成编制。工程竣工移民安置验收要求在验收前编制完成移民资金财务决算。

依据验收规程，与项目法人签订移民安置协议的地方人民政府或其移民管理机构应在工程竣工移民安置初验前，向验收组织（主持）单位提供移民资金财务决算报告。

（4）编制内容。竣工财务决算编制前，项目法人应做好资料收集整理、账务清理、资产清查核实、债权债务清理、竣工（完工）结算等各项工作。

竣工财务决算主要包括竣工财务决算说明书和竣工财务决算报表。

竣工财务决算说明书应分析总结建设成果和建设过程中的重要事项，做到内容全面、重点突出。

竣工财务决算报表应由项目法人根据《水利基本建设项目竣工财务决算编制规程》（SL 19—2014）和项目类型选择相应报表进行编报。竣工财务决算报表分为工程类和非工程类项目竣工财务决算。移民安置资金财务决算按非工程类项目竣工财务决算报表格式编制。

（5）编制要求。一是要认真执行国家有关基本建设财务管理规定，遵守财经纪律，对国家规定不准在基建投资中开支的各项费用，不能列入决算。二是编制竣工财务决算是对建设项目财务活动的最终总结，一定要全面认真、实事求是。三是要及时编制竣工财务决算，做到数据准确、内容完整。

竣工验收主持单位收到申请后,应在三十个工作日内组织完成竣工财务决算审查。竣工验收主持单位可组织专家或委托具有相关资质和相应专业人员的社会中介机构或有能力的单位进行审查。竣工财务决算审查完成后,竣工验收主持单位应下达审查意见。

项目法人应根据竣工验收意见对竣工财务决算进行调整。

6.2.4　政府审计

加强移民资金审计是保证移民资金安全、合法、有效使用,维护移民工作正常秩序,保障移民工作顺利进行的重要举措;是实现"工程安全、资金安全、干部安全"工作目标的有效手段;是保护移民合法权益、维护社会稳定大局的具体体现。

项目法人应做好自身移民资金的政府审计工作,一般由项目法人上级主管部门同级的政府审计部门出具审计意见;移民安置资金也可与工程项目资金等一起接受项目法人上级主管部门同级的政府审计部门的审计。

(1)审计依据。政府审计的主要依据是《中华人民共和国审计法》《水利基本建设项目竣工决算审计暂行办法》(水监〔2002〕370 号)、《水利基本建设项目竣工决算审计规程》(SL 557—2012)等。

(2)审计目的。通过竣工决算审计督促建设资金全部落实到位,及时分配处理节(结)余资金,保障建设资金合理、合法使用,正确评价投资效果,促进总结建设经验,提高建设项目管理水平。

(3)审计组织。一般由水利审计部门自行成立审计组承担竣工决算审计,也可根据工作需要,将全部或部分竣工决算审计业务委托社会审计机构实施。

(4)审计内容。审计内容主要包括项目批准及管理体制审计,计划、资金及概算执行审计,土地征用及移民安置资金审计,未完工程投资及预留费用审计,竣工财务决算编制审计,合同管理审计,财务管理审计等。

(5)审计作用。审计是建设项目竣工结算调整、竣工财务决算审批、竣工验收及项目法人法定代表人任期经济责任评价的重要依据,是对建设项目竣工决算的正确性、真实性、合法性和实现的经济效益、社会效益及环境效益进行的检查、评价和鉴证。

工程竣工移民安置验收前,移民资金使用管理情况应通过地方政府审计部门（或验收主持单位同级审计部门）审计，并取得审计意见。依据验收规程，与项目法人签订移民安置协议的地方人民政府或其移民管理机构应在工程竣工移民安置初验前，向验收组织（主持）单位提供移民资金使用管理情况审计报告。

竣工财务决算经审计并完成整改落实后，项目法人应及时向竣工验收主持单位申请竣工验收。

6.2.5　建设用地手续办理

根据《中华人民共和国土地管理法》和《移民条例》等规定，工程建设区和水库淹没区建设用地手续应由项目法人按规定办理，移民安置区建设用地手续应由移民区、移民安置区地方人民政府或者其移民管理机构按规定组织办理。

需由项目法人办理的建设用地手续，应完成手续办理工作。

6.2.6　编制项目法人移民安置管理工作报告

6.2.6.1　项目法人移民安置管理工作报告主要内容

依据验收规程等规定，项目法人移民安置管理工作报告主要内容有以下几个方面。

1. 工程概况

根据批复的文件和规划报告（审定稿），简述工程主要技术指标和移民主要实物指标。

2. 移民安置管理工作情况

简述管理体制建立和规章制度建设情况，机构设置和参与单位及协作关系；简述计划管理、质量管理、资金管理、项目管理、规划设计管理、监督评估（监理、监测评估）管理、档案管理等情况。

3. 移民安置规划实施及变更情况

对照移民安置规划，简述移民安置实施情况，内容包括土地征收、移民房屋搬迁安置、安置点基础设施建设、生产安置、移民个人补偿费兑付情况、土地补偿补助费和村集体财产补偿费兑付情况、移民安置点地质灾害危险性评估情况等。

简述移民安置变更和审批情况。

4. 移民资金拨付管理情况

简述移民投资概算批复情况、移民资金拨付使用情况、移民资金财务管理情况、移民资金竣工决算情况和稽察审计及整改落实情况等。

5. 工程建设征地工作情况

简述工程建设征地规划与实施情况,说明规划与实施不一致的原因;简述建设征地手续办理情况。

6. 工程阶段性移民安置验收工作情况

简述枢纽工程导(截)流、水库下闸蓄水(含分期蓄水)等工程阶段移民安置验收工作情况,包括验收的时间、主要内容、结论和存在的问题及建议等。

7. 移民档案管理情况

简述移民安置档案管理情况,移民档案资料收集、整理和归档情况,移民档案资料合规性情况。

8. 存在问题及处理建议

从项目法人角度,简述目前存在的移民安置遗留问题和工程运行中的新增问题,逐一提出处理建议。

9. 移民安置效果评价

简述移民安置生活环境、生产条件、收入水平恢复等情况,与移民搬迁前进行对比,移民生活水平是否达到或超过搬迁前的生活水平。

6.2.6.2 编好移民安置管理工作报告的注意事项

一是加强组织领导。一项大型水利水电工程移民安置实施工作短则四五年,长则达一二十年,甚至更长,移民工作人员变化频繁,老问题尚未解决,新问题不断出现,这些都给移民安置验收工作带来了诸多困难。项目法人需要组建一支政策水平高、工作经验丰富、业务能力强的队伍,集中时间、集中力量完成移民安置管理工作报告编写等工作。

项目法人组建队伍困难时,可聘请一家技术服务单位完成报告编写等技术服务工作,这样可以节省大量的时间和精力,确保移民安置验收工作的进度和质量。

二是明确责任分工。项目法人移民安置管理工作报告涉及大量的文字描述和数据表格等内容,需要与规划设计、各级移民实施管理机构、监督评估(监理、监测评估)等参建单位进行核对,确保内容完整、数据准确和统一。

另外,还需要与各参建单位进行沟通,每个单位至少明确 1 名联络人,能够保持及时联系,确保工作畅通。

6.2.7　制作移民安置实施情况声像资料

结合项目实际情况制作移民安置实施情况声像资料。从已验收项目看,对此要求不一,有的项目委托第三方制作视频片,有的项目自行制作视频片。

投资规模较大的项目或有一定技术条件的地方,应当制作移民安置实施情况声像资料,它更能形象、客观地反映移民安置实施过程的原貌。

为了体现移民安置工作重视程度,达到更好的汇报效果,建议按照规定制作移民安置实施情况声像资料。

6.3　项目法人在验收各阶段的工作内容

6.3.1　参与移民安置自验工作

在移民安置自验阶段,项目法人可以根据情况通过委托第三方技术服务单位的方式,动员与培训县级移民实施机构人员,帮助开展移民安置验收工作。同时,项目法人可以派员成为移民安置自验收委员会的委员,参加移民安置各验收工作组工作,督促、指导、协助完成移民安置验收工作。在具体实践中,移民安置验收中出现的问题,很多都与移民安置规划的变更有关,往往涉及移民安置概算的调整,项目法人参加移民安置验收,有利于及早把握,妥善解决。

6.3.2　共同主持移民安置初验工作

初验工作由签订移民安置协议的地方人民政府会同项目法人共同组织。在本阶段,项目法人应全面参与,从满足主体工程进度要求以及确保移民安置规划得到落实、充分发挥资金效益的角度,通过听取汇报、审查资料、现场检查、座谈等方式,共同完成移民安置初验工作。项目法人一般作为移民安置初验委员会的副主任委员单位,应派员参与或组织各验收工作组移民安置验收有关工作。

6.3.3　参与并协助做好移民安置终验工作

项目法人应与签订移民安置协议的地方人民政府共同向移民安置验收主持单位申请终验。

在终验阶段,项目法人应按照要求提供有关资料,做好终验各类别验收工作组的现场检查和资料审阅等配合工作。参加终验大会,并在会议上报告项目法人移民安置管理工作情况。

对终验报告中提出的问题,涉及项目法人的,项目法人应做好自身问题的整改,配合有关移民实施机构做好问题的整改;编制问题整改报告,上报验收主持单位。

第 7 章　规划设计单位的验收工作内容

移民安置规划设计单位是移民安置工作的重要参建单位和技术服务单位。在移民安置验收工作中,规划设计单位的验收工作内容包括:一是做好自身规划设计工作的验收;二是配合移民安置实施管理机构、项目法人等其他参建单位做好验收工作。

7.1　工作收尾

移民安置规划设计单位应对照移民安置规划、移民安置实施规划以及设计变更和概算调整等报告及其审批文件、规划设计合同、移民安置相关文件、会议纪要等要求,检查是否还有未履行的工作,尽快完成各项规划设计工作,按要求完成成果报送;对扫尾工作存在的困难和问题进行全面梳理,做好与项目法人和各级移民实施管理机构的配合和设计服务工作。

7.2　档案整理

按照国家档案局、水利部、国家能源局联合印发的《水利水电工程移民档案管理办法》(档发〔2012〕4 号)等有关规定,移民档案形成单位(部门)是归档工作的直接责任人,应具体负责将各类应归档文件材料进行全面收集、系统整理,并按规定向移民管理机构档案部门和项目法人档案部门归档或移交。任何部门、单位和个人均不得以任何借口将应归档文件材料据为己有或拒绝按时归档、移交。

规划设计单位应据此进行档案资料收集、保管、归档和移交。

根据国家档案局、水利部、国家能源局联合印发的《水利水电工程移民档案管理办法》(档发〔2012〕4 号)等有关规定,规划设计单位档案整理内容包括实物调查工作大纲细则、实物调查成果、移民安置规划大纲及其审批文件、移民安置规划及其审核审批文件、移民安置规划变更及其审批文件等。

7.3 报告编制

依据验收规程等规定,规划设计单位负责编制移民安置规划设计工作报告,主要内容如下。

1　概述

简述工程概况和征地移民情况,内容包括工程建设征地范围、建设征地主要实物、建设征地规模、规划基准年和设计水平年、生产安置规划、移民安置迁建规划、工程各阶段设计指标概况、技施设计主要工作内容、验收的主要移民安置任务等。

2　移民安置规划设计政策依据

简述国家颁布的有关法律、法规及规章,规程、规范及技术标准,政策性文件及规定,移民规划设计合同;简述经批准的移民安置规划大纲、移民安置规划、移民安置实施规划设计文件以及设计变更和概算调整报告及其批复文件等。

3　移民安置规划设计管理情况

简述设计人员配置情况,设计代表制度,工作内容和工作程序;设计产品质量管理,设计档案管理,设计合同管理等。

4　移民安置规划设计主要成果

分阶段简述主要成果,前期阶段包括项目建议书、可行性研究报告及其补充报告等;初步设计阶段主要是初步设计报告,包括工程占地、移民安置规划、专项设施迁复建等专题报告;技施设计阶段包括工程征地移民技施设计大纲、库底清理技施设计报告、征地移民补偿投资概算及调整、移民安置规划方案设计及变更报告等。

5　移民设代制度执行情况

移民设代制度是指在工程项目建设期间,为更有效地技术指导移民安置规划实施工作,在现场配合地方政府及其移民实施管理机构和有关部门而建立的一种设计工作制度。

移民设代制度是规划设计单位后续服务的重要工作内容。移民设代制度能够加强与建设单位、地方移民实施管理机构之间的工作沟通，现场进行征地移民设计，及时满足移民安置工作进度设计要求。移民设代制度根据项目特点，结合具体工程建设征地和移民安置规划的实际和相关管理制度而定。

本章叙述规划设计单位在移民安置实施阶段移民设代工作情况。

6　移民安置规划设计变更及其审批情况

简述实物复核、移民安置方式、移民安置点位置、数量与规模、新址占地规模等内容变化情况；简述审批过程和审批内容。

7　移民投资概算调整及审批情况

简述初步设计审定及其修改审定、概算变化、审查和批复等情况。

8　存在问题及处理建议

从规划设计角度，简述目前存在的移民安置遗留问题和工程运行中的新增问题，逐一提出处理建议。

9　附件(可单独成册)

9.1　资料清单

规划设计单位工作时间长、成果多，可以表格形式罗列主要规划设计成果材料，具体内容详见《水利水电工程移民档案归档范围与保管期限表》。

9.2　移民规划设计工作大事记

从开始进场到现在，按时间顺序记录重要的规划设计活动、事件和成果。

7.4　配合做好各阶段验收工作

在移民安置自验、初验和终验工作中，规划设计单位应向项目法人、地方政府及各级移民实施管理机构和监督评估机构等单位提供有关规划设计资料；解答有关规划设计问题；参与各阶段移民安置验收会议并进行工作汇报，明确提出移民安置验收是否达到规划设计要求，是否同意通过移民安置验收。

第8章　监督评估单位的验收工作内容

移民安置监督评估单位是移民安置工作的重要参建单位和技术服务单位。《移民条例》第五十一条规定:国家对移民安置实行全过程监督评估。签订移民安置协议的地方人民政府和项目法人应当采取招标的方式,共同委托移民安置监督评估单位对移民搬迁进度、移民安置质量、移民资金的拨付和使用情况以及移民生活水平的恢复情况进行监督评估;被委托方应当将监督评估的情况及时向委托方报告。作为移民安置工作的重要参建单位,在验收阶段,监督评估单位应按照要求做好自身的验收工作,积极配合其他参建单位做好验收工作。

8.1　工作收尾

监督评估单位扫尾工作主要包括:一是对照监督评估工作大纲、实施细则(工作方案)、监督评估合同等要求,全面检查监督评估任务完成情况,并提出限期完成剩余监督评估工作的计划;二是加强对移民实施机构工作的指导和监督,督促指导移民实施机构完成工程建设征地移民各项遗留问题,满足工程移民安置验收需求;三是监督移民实施机构征地移民工作内容的变更管理,督促移民实施管理机构对照规划设计文件梳理工程征地移民各项工作,对于实施情况与规划设计不一致的应说明原因,确需变更的应及时督促完善有关手续;四是对照验收规程等规定,明确监督评估工作任务和人员分工,做好监督评估工作报告编写等相关工作;五是积极与项目法人、地方人民政府及其移民实施管理机构等单位沟通和联系,配合做好验收前各项准备工作。

8.2　档案整理

按照国家档案局、水利部、国家能源局联合印发的《水利水电工程移民档案管理办法》(档发〔2012〕4 号)等规定,监督评估单位应进行档案整理和移交。

根据水利部《水利水电工程移民安置监督评估规程》(SL 716—2015)等有关规定,监督评估单位档案整理内容包括招投标文件、合同、监督评估工作大纲、监督评估实施细则(工作方案)、监督评估走村入户调查资料、监督评估通知(建议)书、监督评估日志、监督评估报告(含月报、季报、年报、专题报告)等。

8.3　报告编制

依据验收规程等规定,监督评估单位负责编制移民安置监督评估工作报告,主要内容如下。

1　概述

简述工程概况和征地移民概况。

2　移民安置基本情况

简述移民安置规划与实施基本情况。

3　移民安置监督评估组织形式

简述监督评估单位组建的项目部、监督评估人员分工和岗位职责情况,简述开展监督评估工作的基本工作程序、工作制度和工作方法等。

4　移民安置监督评估依据、范围、内容和方法

4.1　依据

监督评估主要依据是国家有关法律、法规、规章、规程、规范和有关移民政策,移民监督评估合同,经批准的移民安置规划大纲和移民安置规划,经批准的移民安置规划设计及变更文件,项目法人与地方人民政府签订的移民安置协议,移民安置年度计划等。

4.2　范围

监督评估范围是指按监督评估合同约定的范围。

4.3　内容

监督评估内容分为移民安置实施情况监督评估和移民生产生活水平恢复情况监督评估。其中移民安置实施情况监督评估是对移民生产生活安置和项目实施进度及质量、移民资金的拨付和使用情况等进行监督评估,主要内容包括农村移民安置、城(集)镇迁建、工矿企业迁建、专项设施迁(复)建、库底清理、移民资金的拨付和使用等;移民生产生活水平恢复情况监督评估内容包括建立移民安置前的生产生活水平本底资料,跟踪监测移民安置规划确定的移民生产生活水平恢复措施的实施情况及效果,跟踪监测移民安置后的生产生活水平恢复情况,对移民生产生活中出现的问题提出改进建议并报地方移民实施管理机构和委托方。

4.4　方法

监督评估方法有监督方法和评估方法,其中监督方法有文献调研、收集资料、访谈、座谈、实地查勘和典型个案调查等;评估方法有统计分析、对比分析、参与式评价和综合评价等。

5　移民安置实施过程监督评估情况

简述农村移民安置、城(集)镇迁建、工矿企业迁建、专项设施迁(复)建、库底清理、移民资金的拨付和使用等实施情况,评估实施效果和移民生产生活水平恢复情况。

6　移民安置监督评估综合评价

作为独立第三方,要针对具体移民安置实施情况,逐一进行客观评价。主要包括农村移民安置、城(集)镇迁建、工矿企业迁建、专项设施迁(复)建、库底清理、移民资金的拨付和使用等实施是否按规划和计划完成,是否达到预期目标;评价移民生产生活水平是否达到或超过原有水平。

7　存在问题及处理建议

通过与地方移民实施管理机构座谈、走村入户调查等途径,发现当前存在的和潜在的主要问题,提出监督评估处理建议。

8　附件(可单独成册)

8.1　资料清单

具体内容参见本书章节8.2档案整理部分。

8.2　移民监督评估工作大事记

从开始进场到现在,按时间顺序,记录重要的监督评估活动、事件和成果。

8.4 配合做好各阶段验收工作

在移民安置自验、初验和终验工作中,应配合做好各单位有关监督评估技术衔接工作;配合检查验收报告中规划情况是否与规划设计相关报告一致,验收报告中实施情况是否与移民实施管理机构实际情况一致,不一致的地方要有解释说明;跟踪历次监督评估报告中反映的问题的解决情况(直到解决);参与移民安置各阶段验收会议并进行工作汇报,重点汇报移民安置实施效果和移民生产生活水平是否达到或超过原有水平,是否同意通过移民安置验收。根据要求,对历次移民安置验收中提出的问题的整改情况进行监督。

第 9 章　验收组织和主持单位的工作内容

9.1　自验阶段验收组织单位工作内容

自验阶段验收组织单位一般是县级人民政府，具体承担单位为县级移民实施管理机构。自验阶段验收组织单位的工作内容一般包括组建验收委员会、组建分类验收工作组、编制工作方案和开展验收等工作。

9.1.1　组建验收委员会

县级人民政府负责组建水利水电工程竣工移民安置自验委员会，自验委员会全面负责本行政区域内征地补偿和移民安置验收工作，并以县级人民政府名义向各有关部门和单位印发。验收委员会设主任委员 1 名，副主任委员和委员设若干名。主任委员由县级人民政府或其授权部门的代表担任。自验委员会成员由县级人民政府及其移民管理机构和相关部门、市级移民管理机构、有关乡（镇）人民政府、项目法人、移民安置规划设计单位、移民安置监督评估单位等部门和单位的代表、有关专家、移民代表组成。

因涉及移民资金财务决算、政府审计和档案移交等工作，自验委员会应有县级财政、审计和档案等部门的代表参加。

验收委员会下设办公室和若干个分类验收工作组。办公室一般设在县级移民实施管理机构，负责筹办移民安置自验工作会议，联系制作移民安置情况声像资料；组织、协调有关部门、有关乡（镇）的相关工作；协调各验收工作组，为自验工作提供后勤保障。分类验收工作组按照验收规程和验收工作方案等要求开展工作，组织编写分类验收报告（验收意见）；自验委员会组织编写移民安置自验报告。

9.1.2　组建分类验收工作组

水利水电工程竣工移民安置验收包括农村移民安置、城（集）镇迁建、工矿企业迁建、专项设施迁建或者复建、防护工程建设、库底清理、移民资金使用管理、移民档案管理和移民后期扶持政策落实情况等九个类别。

为对这九个类别移民安置项目验收，需组建分类别验收工作组，验收工作组数量根据移民安置任务、投资规模和复杂程度等实际情况确定。

大中型水利水电工程一般成立较多的验收工作组，比如××水利枢纽工程竣工移民安置自验时，某县（旗）成立了 5 个验收工作组，分别是农村移民安置验收组、集镇移民安置验收组、专项设施改复建和库底清理验收组、移民资金使用管理验收组和移民档案管理验收组。

堤防、河道等线性工程一般成立 3 至 4 个验收工作组，比如××河下游防洪工程竣工移民安置自验时，某县成立了 4 个验收工作组，分别是农村移民安置验收组、专项设施迁复建验收组、移民资金使用管理验收组和移民档案管理验收组。

9.1.3 编制工作方案

编制移民安置自验工作方案是自验工作的一项重要程序。有的地方先成立移民安置自验委员会，再编制移民安置自验工作方案，有的地方先编制移民安置自验工作方案，再成立移民安置自验委员会，还有的地方将移民安置自验委员会和移民安置自验工作方案同时进行，并在同一个文件印发。

一般认为，应先成立移民安置自验委员会，再编制移民安置自验工作方案，主要原因是成立移民安置自验委员会，明确了各成员单位和人员分工，更利于编制移民安置自验工作方案，避免移民安置自验工作方案编制后，部分成员单位互相推诿，难以落实工作现象的发生。

9.1.4 开展验收

9.1.4.1 各验收工作组进行全面检查验收

县级人民政府完成组建自验委员会、组建验收工作组和编制自验工作方案等准备工作后，各验收工作组开始进行全面检查验收，通过听取汇报、座谈交流、查阅资料和现场查勘等方式，形成分类别验收报告或验收意见。

1. 验收方法

移民安置自验应在单项工程竣工验收和移民安置工作全面自查的基础上，对农村移民安置、城（集）镇迁建、工矿企业迁建或者处理、专项设施迁建或者复建、防护工程建设、水库库底清理、移民资金使用管理、移民档案管理、水库移民后期扶持政策落实情况、建设用地手续办理等类别，逐户、逐项全面检查验收。

逐户、逐项检查的数据应能够体现在验收表格中，让数据说话，让数据反映移民工作完成情况；填写移民安置验收表格有一定的技巧，需要熟悉移民项目规划与实施情况，掌握验收表格之间的逻辑关系。

2. 验收评定

验收规程对验收评定工作提出以下要求：

(1)移民安置自验按合格、不合格两个等级评定。

(2)水利水电工程竣工移民安置验收时，农村移民安置、城(集)镇迁建、工矿企业迁建、专项设施迁建或者复建、防护工程建设、库底清理、移民资金使用管理、移民档案管理和移民后期扶持政策落实情况等九个类别验收均达到合格标准，验收评定为合格；否则，验收评定为不合格。

建设用地手续办理不作为验收评定合格的必要条件，但有必要在验收会议上对此说明情况。

在水利水电工程阶段性移民安置验收时，仅对以上类别、部分验收内容和验收标准做了微小的调整，如从九个类别减少到八个类别，减少了移民后期扶持政策落实情况的验收评定。

9.1.4.2　组织编制移民安置自验报告

在各验收工作组完成分类别验收报告(验收意见)的基础上，验收委员会组织编制移民安置自验报告，自验报告格式参见《水利水电工程移民安置验收规程》(SL 682—2014)附录 C。

移民安置自验报告格式和内容如下所述。

(封面格式)

××工程××阶段××地区
移民安置自验报告

××移民安置自验委员会
××××年××月

注：此封面格式要求的封面在正式报告里是一整页，后文中的封面格式和扉页格式下同。

(扉页格式)
移民安置验收组织单位:××××
项目法人:××××
与项目法人签订移民安置协议的地方人民政府:××××
移民安置实施单位:××××
移民安置规划设计单位:××××
移民安置监督评估单位:××××

验收时间:××××年××月××日至××××年××月××日
验收地点:××××

为便于编制移民安置自验报告,编者结合已完成的大中型水利水电工程移民安置验收的实践经验,进行了总结,细化了报告格式内容,为同一项目下一步移民安置初验和终验提供参考,为拟验收的类似项目提供借鉴。

前言

包括验收组织和验收过程,简述验收组织单位、参加验收的单位及代表、验收时间、验收地点、验收的组织、验收过程和主要情况等。

1 概况

1.1 工程基本情况

简述工程所在流域概况、工程概况及主要工程特性、工程建设的意义等情况。

1.2 征地移民基本情况

简述工程建设征地的范围、淹没主要实物指标等情况。

1.3 移民工作开展情况(包括管理体制、实施过程等)

在管理体制上,简述项目实施管理涉及的单位(部门)及相互关系;在实施情况上,简述完成的主要实物指标。

2 验收范围、依据、组织和方法

与移民安置验收(自验)工作方案中的验收范围、依据、组织和方法对应。

3　移民安置规划实施情况

3.1　农村移民安置

简述农村移民安置规划与实施情况,报告中使用的数据要与验收表格数据一致,下同。

3.2　城(集)镇迁建

简述城(集)镇迁建规划与实施情况。

3.3　工矿企业迁建或者处理

简述工矿企业迁建或者处理规划与实施情况。

3.4　专项设施迁建处理或者复建

简述专项设施迁建处理或者复建规划与实施情况。

3.5　防护工程建设

简述防护工程建设规划与实施情况。

3.6　水库库底清理

简述水库库底清理规划与实施情况。

3.7　移民安置实施效果评价

从农村移民安置、城(集)镇迁建、工矿企业迁建或者处理、专项设施迁建处理或者复建、防护工程建设、水库库底清理等方面,简述实施情况是否达到了规划要求,重点描述移民搬迁前后生产生活变化。

4　移民资金使用管理情况

4.1　移民投资概算批复情况

简述各规划阶段批复情况,重点描述初步设计阶段和实施规划阶段移民投资概算批复情况,包括审批部门、批复的投资及项目内容等。

4.2　移民资金拨付使用情况

主要从几方面描述,一是资金来源和拨付程序,以县为基础,从国家、省(自治区、直辖市)、项目法人到地方政府及其移民实施管理机构,再经过各乡镇、村组到物权所有人,建议结合移民资金拨付流程图加以描述;二是简述完成的移民投资,并与批复投资、移民安置协议投资、拨入(到位)资金对比分析;三是简述规划补偿标准和实际执行的补偿标准,建议将两者以表格形式加以对比说明。

4.3　移民资金财务管理情况

描述建立(执行)了哪些规章制度,财务人员配置及岗位职责;描述如何加强财务管理,总结经验,取得了哪些成绩等情况。

4.4　移民资金竣工决算情况

描述移民安置竣工财务决算和财务决算说明书编制情况,包括编制单位、编制时间、移民批复投资(概算)执行等情况。

4.5　稽察审计及整改落实情况

描述各级稽察、审计等部门检查情况,包括稽察审计时间、稽察审计部门(单位)名称、主要稽察审计内容;描述被稽察审计对象整改落实情况,逐个问题整改情况和整改效果。

5　移民档案管理情况

描述移民档案管理组织机构、制度建设以及移民档案资料收集、整理、归档情况等。

6　移民后期扶持政策落实情况

简述人口核定、扶持方式、直补资金发放、项目实施及其效果等情况。

7　征地手续办理情况

简述征地手续办理完成情况,存在的问题及建议等情况。

8　历次验收提出问题的整改落实情况

简述历次验收的时间、组织(主持)单位、验收的主要内容,重点描述历次验收提出的问题整改情况,未完成解决的问题要加以说明或解释。

9　验收结论

对照验收规程、移民规划、验收工作方案等规定及要求,简述实施完成情况,得出明确的验收结论。

10　保留意见(应由本人签字)

一是有意见的情况。依据验收规程规定,对移民安置验收报告持不同意见的,应在移民安置验收报告中明确记载其保留意见并签字。移民安置验收中发现的问题,其处理原则由验收委员会协商确定,主任委员对争议问题有裁决权。

二是无意见的情况。一般在本章页写一个“无”字,不留空白页。

11　验收委员会成员签字表

检查验收委员会成员签字表是否完整,检查分类验收工作组(技术验收组、专家验收组)签字表、验收评定表、验收表格等需要签字盖章的地方是否齐全,避免发生验收会议结束后再找人补签情况。

12　附件

包括自验委员会成立文件、各验收工作组验收意见、签字表、验收评定表、验收表格等。

针对11章和12章，要安排专人扫描或复印所有签字表和需要的文件、样本资料，及时放到验收报告中相应位置，确保验收成果内容完整。

9.1.4.3　召开移民安置自验大会

移民安置自验大会应按以下议程进行。

1. 宣布移民安置自验委员会成员名单

主持人主持自验工作会议，宣读或委托他人宣读会议日程安排和移民安置自验委员会成员名单。

2. 观看移民安置情况声像资料

水利水电工程都有大量的图片、录像和文档资料，应当制作移民安置情况声像资料，一般时间控制在10分钟至20分钟之内。移民安置情况声像资料图文并茂，可以反映移民安置实施前后变化情况，直观、形象，效果较好。个别项目投资规模小，也可以通过移民安置情况多媒体进行汇报。

3. 听取移民安置规划设计工作报告

移民安置规划设计单位汇报移民安置规划设计工作，一般汇报时间控制在10分钟之内。

4. 听取移民安置实施工作报告

县级移民安置实施管理机构汇报移民安置实施工作，一般汇报时间控制在15分钟之内。在实践中，经常与移民安置情况声像资料相配合，减少汇报重复内容。

5. 听取移民安置监督评估工作报告

移民安置监督评估单位汇报移民安置监督评估工作，一般汇报时间控制在10分钟之内。

6. 听取各验收工作组的验收意见

在各分类别验收工作组明确分工和内外业已完成检查情况的基础上，各验收工作组逐一汇报本组移民安置检查验收情况，并发表验收意见，是否同意通过本组移民安置自验工作。

7. 讨论通过移民安置自验报告

自验委员会全体成员讨论移民安置自验报告，每位委员发表验收意见，是否同意通过移民安置自验报告。

8. 移民安置自验委员会成员签字

移民安置验收自验报告应经2/3以上的验收委员会委员同意，验收委员会委员应在移民安置验收自验报告签字表上签署“同意”或“不同意”意见，并签名。

对移民安置验收自验报告持不同意见的，应在移民安置自验报告中明确记载其保留意见并签字。移民安置验收中发现的问题，其处理原则应由验收委员会协商确定，主任委员对争议问题有裁决权。

9. 领导总结讲话

一般情况下，验收工作会议结束前，验收委员会主任发表总结讲话，安排部署下一步工作，重点是针对本次验收工作中提到的一些问题，明确责任部门、完成时间和整改措施。

需要上级部门协调解决的，也要明确本级责任部门，限期完成上报等工作。

9.1.4.4 督促验收问题整改

验收问题包括验收报告中反映的问题，各参建单位和验收委员会成员提出的问题，特邀专家和移民代表提出的问题。这些问题由责任单位在规定的时间内完成整改或对问题进行解释说明。

9.1.4.5 印送移民安置验收报告

完成验收问题整改，完善验收报告内容，重点检查报告中数据是否准确、签字盖章是否齐全，最后正式行文印送移民安置自验报告。

9.1.4.6 提交初验申请

依据验收有关规定，移民安置自验组织单位应在通过移民安置自验之日起30个工作日内，向移民安置初验组织单位提出移民安置初验申请。

9.1.5 工作流程图

依据《水利水电工程移民安置验收规程》(SL 682—2014)，结合××地区××河堤防工程竣工征地移民自验情况，制定了该项目工程竣工征地移民自验工作流程图，可供征地移民工作者参考使用。详见图9-1。

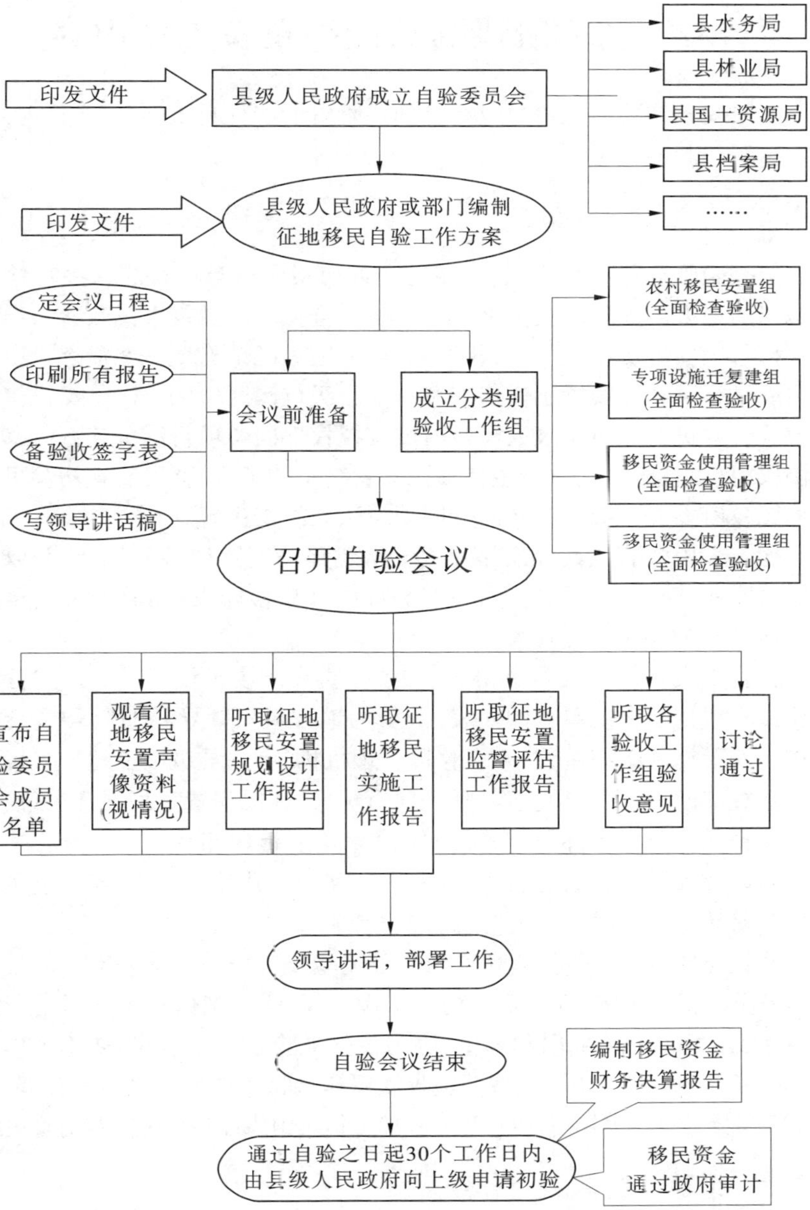

图 9-1　××地区××河堤防工程竣工征地移民自验工作流程

9.2　初验阶段验收组织单位工作内容

移民安置初验组织单位应在接到初验申请之日起20个工作日内,作出是否组织初验的决定。

9.2.1　组建验收委员会

依据验收规程等有关规定,移民安置初验应由与项目法人签订移民安置协议的地方人民政府会同项目法人组织进行。对县级人民政府与项目法人签订移民安置协议的工程,移民安置初验应由市级人民政府会同项目法人组织进行。移民安置工作仅涉及一个县级行政区域的,移民安置初验可与自验合并进行。对省级人民政府或其授权部门与项目法人签订的移民安置协议,且由省级人民政府主持移民安置终验的工程,移民安置初验可由省级人民政府委托市级人民政府会同项目法人组织进行。

地方人民政府或其授权部门负责组建移民安置初验委员会,并以地方人民政府或其授权部门名义向各有关部门和单位印发;初验委员会全面负责征地补偿和移民安置验收工作。

验收委员会设主任委员1名、副主任委员和委员设若干名。主任委员由移民安置初验组织单位的代表(一般为地方政府领导)担任,委员会成员由移民安置初验组织单位、省级移民管理机构、有关县级以上地方人民政府及其相关部门、重大专项主管部门、项目法人、移民安置规划设计单位、移民安置监督评估单位等部门及单位的代表和有关专家组成。

因涉及移民资金财务决算、政府审计和档案移交等工作,初验委员会应由相关财政、审计和档案等部门的代表参加。

验收委员会下设办公室和若干个分类验收工作组。办公室一般设在本级移民实施管理机构,负责筹办初验工作会议,联系制作移民安置情况声像资料;组织、协调有关部门和单位;协调各分类验收工作组,为初验工作提供后勤保障。分类验收工作组按照验收规程和验收工作方案等要求开展工作,组织编写分类验收报告(验收意见);初验委员会组织编写移民安置初验报告。

9.2.2　组建分类验收工作组

水利水电工程竣工移民安置验收包括农村移民安置、城(集)镇迁建、工矿企业迁建、专项设施迁建或者复建、防护工程建设、库底清理、移民资金使用管理、移民档案管理和移民后期扶持政策落实情况等 9 个类别。

为对这 9 个类别移民安置项目验收，需组建分类别验收工作组，验收工作组数量根据移民安置任务、投资规模和复杂程度等实际情况确定。

大中型水利水电工程一般成立较多的验收工作组，比如××水利枢纽工程竣工移民安置初验时，初验委员会成立了 5 个验收工作组，分别是农村移民安置验收组、集镇移民安置验收组、专项设施改复建和库底清理验收组、移民资金使用管理验收组和移民档案管理验收组。

堤防、河道等线性工程一般成立 3 到 4 个验收工作组，比如××河下游防洪工程竣工移民安置初验时，某市成立了 4 个验收工作组，分别是农村移民安置验收组、专项设施迁复建验收组、移民资金使用管理验收组和移民档案管理验收组。

初验工作一般与自验工作组建的验收工作组数量保持一致。

9.2.3　编制工作方案

编制移民安置初验工作方案是初验工作的一项重要程序和内容。

移民安置初验工作方案与自验工作方案的体例和内容大致相同，主要区别在：

一是验收组织的变化，初验委员会增加了省级移民管理机构委员。

二是验收评定方法的变化，从逐户、逐项全面检查验收，到抽样检查验收。

三是验收会议议程的变化，增加了“移民安置自验及存在问题的整改情况的报告”这一议程。

四是验收表格的变化，从以县为单位填写验收表格到以县为单位填写并汇总验收表格。

五是提供资料的变化，项目法人提供移民安置管理工作报告、与项目法人签订移民安置协议的地方人民政府或其移民管理机构要提供移民资金财务决算报告，政府审计机关要提供移民资金使用管理情况审计报告等资料。

9.2.4　开展验收

9.2.4.1　各验收工作组进行全面检查验收

在完成组建初验委员会、验收工作组和编制初验工作方案等准备工作后，各验收工作组开始对自验成果进行抽样检查，并形成验收报告或验收意见。

1. 验收方法

移民安置初验应对自验成果进行抽样检查，抽样可采取随机抽样和偏好抽样，并应符合下列规定：

(1) 农村移民安置，移民乡镇抽查比例不应低于 80%，集中安置点抽查比例不应低于 40%，移民户抽查比例不应低于 10%。

(2) 城(集)镇迁建，涉及城(集)镇全部检查；城(集)镇基础设施和公共服务设施项目抽查比例不应低于 20%；居民户抽查比例不应低于 10%，企事业单位抽查比例不应低于 20%。

(3) 工矿企业迁建或者处理，迁建工矿企业抽查比例、破产关闭工矿企业抽查比例均不应低于 50%。

(4) 专项设施迁建或者复建，各类别专项设施抽查比例不应低于 50%。

(5) 防护工程项目全部检查。

(6) 水库库底清理，库底清理项目数量抽查比例不应低于 30%，特殊清理项目全部检查，对重点卫生清理项目必要时进行现场检测。

(7) 移民资金使用管理，涉及县全部检查，乡镇抽查比例不应低于 30%；各类别移民项目抽查比例不应低于 5%，进行账账核对和账实核对。

(8) 移民档案管理，各类别档案卷数抽查比例不应低于 5%。

以上各类别初验抽查样本的比例是最低比例要求，可根据实际情况适当增加抽样比例。在具体抽样过程中，以县为单位，根据水利水电工程移民安置规模确定样本数量，抽查样本数满足 95% 的置信度且误差限不应超过±0.05。

2. 验收评定

(1) 移民安置初验按合格、不合格两个等级评定。

(2) 水利水电工程竣工移民安置验收时，农村移民安置、城(集)镇迁建、工矿企业迁建、专项设施迁建或者复建、防护工程建设、库底清理、移民资金使用管理、移民档案管理和移民后期扶持政策落实情况等九个类别验收均达到合格标准，验收评定为合格；否则，验收评定为不合格。

建设用地手续办理不作为验收评定合格的必要条件。

9.2.4.2　组织编制移民安置初验报告

在各验收工作组完成分类别验收报告(验收意见)的基础上，验收委员会组织编制移民安置初验报告，初验报告格式参见《水利水电工程移民安置验收规程》(SL 682—2014)附录 C。

初验报告内容主要包括以下部分。

(封面格式)

××工程××阶段××地区
移民安置初验报告

××移民安置初验委员会
××××年××月

(扉页格式)

移民安置验收组织单位：××××
项目法人：××××
与项目法人签订移民安置协议的地方人民政府：××××
移民安置实施单位：××××
移民安置规划设计单位：××××
移民安置监督评估单位：××××

验收时间：××××年××月××日至××××年××月××日
验收地点：××××

编制移民安置初验报告时，有固定的体例格式，在编写具体内容方面可参考移民安置自验报告，在此不再展开叙述。

前言(包括验收组织和验收过程)

1 概况

1.1 工程基本情况

1.2 征地移民基本情况

1.3 移民工作开展情况(包括管理体制、实施过程等)

2 验收范围、依据、组织和方法

与移民安置验收(初验)工作方案中的验收范围、依据、组织和方法对应。

3 移民安置规划实施情况

3.1 农村移民安置

3.2 城(集)镇迁建

3.3 工矿企业迁建或者处理

3.4 专项设施迁建处理或者复建

3.5 防护工程建设

3.6 水库库底清理

3.7 移民安置实施效果评价

4 移民资金使用管理情况

4.1 移民投资概算批复情况

4.2 移民资金拨付使用情况

4.3 移民资金财务管理情况

4.4 移民资金竣工决算情况

4.5 稽察审计及整改落实情况

5 移民档案管理情况

略。

6 移民后期扶持政策落实情况

略。

7 征地手续办理情况

略。

8 历次验收提出问题的整改落实情况

略。

9 验收结论

略。

10　保留意见(应由本人签字)

略。

11　验收委员会成员签字表

略。

12　附件(包括申请初验文件、初验委员会成立文件、各验收工作组验收意见、签字表、验收评定表、验收表格等)

略。

9.2.4.3　召开移民安置初验大会

移民安置初验大会应按以下议程进行。

1. 宣布移民安置初验委员会成员名单

主持人主持初验工作会议,宣读或委托他人宣读会议日程安排和移民安置初验委员会成员名单。

2. 观看移民安置情况声像资料

初验组织单位可以参考使用自验工作中所制作的移民安置情况声像资料,也可以单独制作移民安置情况声像资料。

3. 听取移民安置自验及存在问题整改情况的报告

县级人民政府或其授权部门领导汇报移民安置自验及存在问题的整改情况工作,一般汇报时间控制在10分钟之内。

4. 听取移民安置规划设计工作报告

移民安置规划设计单位汇报移民安置规划设计工作,一般汇报时间控制在10分钟之内。

5. 听取移民安置实施工作报告

移民安置实施管理机构汇报移民安置实施工作,一般汇报时间控制在15分钟之内。在实践中,可结合移民安置情况声像资料内容精简报告,同时可与移民安置自验及存在问题整改情况报告合并进行。

6. 听取移民安置监督评估工作报告

移民安置监督评估单位汇报移民安置监督评估工作,一般汇报时间控制在10分钟之内。

7. 听取各验收工作组的验收意见

各分类别验收工作组逐一汇报本组移民安置检查验收情况,并发表验收意见,是否同意通过本组移民安置初验工作。

8. 讨论通过移民安置初验报告

初验委员会全体成员讨论移民安置初验报告，每位委员发表意见，是否同意通过移民安置初验报告。

9. 移民安置初验委员会成员签字

移民安置验收初验报告应经2/3以上的验收委员会委员同意，验收委员会委员应在移民安置验收初验报告签字表上签署“同意”或“不同意”意见，并签名。

对移民安置验收初验报告持不同意见的，应在移民安置初验报告中明确记载其保留意见并签字。对于移民安置验收中发现的问题，其处理原则应由验收委员会协商确定，主任委员对争议问题有裁决权。

10. 领导总结讲话

一般情况下，验收工作会议结束前，验收委员会主任发表总结讲话，安排部署下一步工作，重点是针对本次验收工作中提到的一些问题，明确责任部门、完成时间和整改措施。

需要上级部门协调解决的，也要明确本级责任部门，限期完成上报等工作。

9.2.4.4　督促验收问题整改

验收问题包括验收报告中反映的问题，各参建单位和验收委员会成员提出的问题和特邀专家提出的问题。这些问题由责任单位在规定的时间内完成整改或对问题进行解释说明。

9.2.4.5　印送移民安置验收报告

完成验收问题整改，完善验收报告内容，重点检查报告中数据是否准确、签字盖章是否齐全，最后正式行文印送移民安置初验报告。

9.2.4.6　提交终验申请

依据验收有关规定，移民安置初验组织单位应在通过移民安置初验之日起30个工作日内，向移民安置终验主持单位提出移民安置终验申请。

9.3　终验阶段主持单位工作内容

水利水电工程征地补偿和移民安置验收主持单位负责监督指导移民安置自验、初验工作，并主持移民安置终验工作；收到移民安置阶段验收或竣工验收申请材料时，应当在规定时间内予以受理，决定是否同意进行移民安置终验。

9.3.1 组建验收委员会

依据验收规程等有关规定,国务院水行政主管部门主持验收的大中型水利水电工程,移民安置终验应由国务院水行政主管部门会同有关省级人民政府主持。其余大中型水利水电工程的移民安置终验由省级人民政府或者其指定的移民管理机构主持。

水利部、省级人民政府或者其指定的移民管理机构负责组建工程竣工移民安置终验委员会,终验委员会全面负责征地补偿和移民安置验收工作,并以水利部、省级人民政府或者其指定的移民管理机构名义向各有关部门和单位印发。

验收委员会设主任委员1名,副主任委员和委员若干名。主任委员由水利部、省级人民政府或者其指定的移民管理机构担任。委员会成员由项目主管部门、有关县级以上地方人民政府及其移民管理机构和相关部门、重大专项主管部门、项目法人、移民安置规划设计单位、移民安置监督评估单位等部门及单位的代表和有关专家组成。

因涉及移民资金财务决算、政府审计和档案移交等工作,终验委员会应由相关财政、审计和档案等部门的代表参加。

终验委员会下设办公室和若干个分类验收工作组。办公室一般设在水利部、省级人民政府或其指定的移民管理机构,负责筹办终验工作会议,联系制作移民安置情况声像资料;组织、协调有关部门和单位;协调各分类别验收工作组,为终验工作提供后勤保障。各分类别验收工作组按照验收规程和验收工作方案等要求开展工作,组织编写分类验收报告(验收意见);终验委员会组织编写移民安置终验报告。

9.3.2 组建分类验收工作组

水利水电工程竣工移民安置验收包括农村移民安置、城(集)镇迁建、工矿企业迁建、专项设施迁建或者复建、防护工程建设、库底清理、移民资金使用管理、移民档案管理和移民后期扶持政策落实情况等九个类别。

验收工作组根据移民安置任务、投资规模和复杂程度等实际情况确定,一般与初验工作组数量保持一致。

9.3.3　编制工作方案

编制移民安置终验工作方案是终验工作的一项重要程序。

移民安置终验工作方案与自验、初验工作方案的体例和内容大致相同，主要区别在：

一是验收组织的变化，终验委员会增加了项目主管部门等成员。

二是验收评定方法的变化，抽样检查比例降低，但有特殊要求。

三是验收会议议程的变化，增加了“听取移民资金审计意见，以及移民安置终验委员会确定的其他报告”这一议程。

四是验收表格的变化，继续向更高层次表格汇总，形成一套完整的规划与实施数据验收表格。

五是提供资料的变化，要求提供的资料最齐全、完整，包括自验和初验所有资料。

9.3.4　开展验收

9.3.4.1　各验收工作组进行全面检查验收

在完成组建终验委员会、验收工作组和编制终验工作方案等准备工作后，各分类别验收工作组开始对初验成果进行检查验收，验收工作组形成验收报告或验收意见。

1. 验收方法

移民安置终验应对初验成果进行抽样检查，抽样可采取随机抽样和偏好抽样。应符合下列规定：

(1)农村移民安置，移民乡镇抽查比例不应低于40%，集中安置点抽查比例不应低于20%，移民户抽查比例不应低于5%。

(2)城(集)镇迁建，涉及城(集)镇全部检查；城(集)镇基础设施和公共服务设施项目抽查比例不应低于10%，居民户抽查比例不应低于5%，企事业单位抽查比例不应低于10%。

(3)工矿企业迁建或者处理，迁建工矿企业抽查比例不应低于30%，破产关闭工矿企业抽查比例不应低于30%。

(4)专项设施迁建或者复建，各类别专项设施抽查比例不应低于20%。

(5)防护工程项目全部检查。

(6)水库库底清理，库底清理项目数量抽查比例不应低于20%，特殊清理项目全部检查,对重点卫生清理项目必要时进行现场检测。

(7)移民资金使用管理,涉及县全部检查,乡镇抽查比例不应低于20%;各类别移民项目抽查比例不应低于 5%,进行账账核对和账实核对。

(8)移民档案管理,各类档案卷数抽查比例不应低于 5%。

以上各类别终验抽查样本的比例是最低比例要求,可根据实际情况适当增加抽样比例。终验抽查的移民户(项目)与初验抽查的移民户(项目)不能完全一样,要求两者重叠率不应超过 70%。

2. 验收评定

(1)移民安置终验按合格、不合格两个等级评定。

(2)水利水电工程竣工移民安置验收时,农村移民安置、城(集)镇迁建、工矿企业迁建、专项设施迁建或者复建、防护工程建设、库底清理、移民资金使用管理、移民档案管理和移民后期扶持政策落实情况等九个类别验收均达到合格标准,验收评定为合格;否则,验收评定为不合格。

建设用地手续办理不作为验收评定合格的必要条件。

9.3.4.2　组织编制移民安置终验报告

在各验收工作组完成分类别验收报告(验收意见)的基础上,验收委员会组织编制移民安置终验报告,终验报告格式参见《水利水电工程移民安置验收规程》(SL 682—2014)附录 C。

终验报告内容主要包括以下部分。

(封面格式)

××工程竣工(××阶段)
移民安置终验报告

××移民安置终验委员会
××××年××月

（扉页格式）

移民安置验收主持单位：××××
项目法人：××××
与项目法人签订移民安置协议的地方人民政府：××××
移民安置实施单位：××××
移民安置规划设计单位：××××
移民安置监督评估单位：××××

验收时间：××××年××月××日至××××年××月××日
验收地点：××××

编制移民安置终验报告时，有固定的体例格式，在编写具体内容方面可参考移民安置自验报告，在此不再展开叙述。

前言（包括验收组织和验收过程）
1　概况
1.1　工程基本情况
1.2　征地移民基本情况
1.3　移民工作开展情况（包括管理体制、实施过程等）
2　验收范围、依据、组织和方法
与移民安置验收（终验）工作方案中的验收范围、依据、组织和方法对应。
3　移民安置规划实施情况
3.1　农村移民安置
3.2　城（集）镇迁建
3.3　工矿企业迁建或者处理
3.4　专项设施迁建处理或者复建
3.5　防护工程建设
3.6　水库库底清理
3.7　移民安置实施效果评价

4　移民资金使用管理情况

4.1　移民投资概算批复情况

4.2　移民资金拨付使用情况

4.3　移民资金财务管理情况

4.4　移民资金竣工决算情况

4.5　稽察审计及整改落实情况

5　移民档案管理情况

略。

6　移民后期扶持政策落实情况

略。

7　征地手续办理情况

略。

8　历次验收提出问题的整改落实情况

略。

9　验收结论

略。

10　保留意见(应由本人签字)

略。

11　验收委员会成员签字表

略。

12　附件(包括申请终验文件、终验委员会成立文件、各验收工作组验收意见、签字表、验收评定表、验收表格等)

略。

9.3.4.3　召开移民安置终验大会

移民安置终验大会应按以下议程进行。

1. 宣布移民安置终验委员会成员名单

主持人主持终验工作会议日程,宣读或委托他人宣读会议日程安排和移民安置终验委员会成员名单。

2. 观看移民安置情况声像资料

终验主持单位可以参考使用自验和初验工作中所制作的移民安置情况声像资料,也可以单独制作移民安置情况声像资料。

3. 听取移民安置初验及存在问题整改情况的报告

与项目法人签订安置协议的地方人民政府或其移民管理机构汇报移民安置初验及存在问题整改情况工作,一般汇报时间控制在 10 分钟之内。

4. 听取项目法人移民安置管理工作报告

项目法人汇报移民安置管理工作,一般汇报时间控制在 10 分钟之内。

5. 听取移民安置规划设计工作报告

移民安置规划设计单位汇报移民安置规划设计工作,一般汇报时间控制在 10 分钟之内。

6. 听取移民安置实施工作报告

移民安置实施管理机构汇报移民安置实施工作,一般汇报时间控制在 15 分钟之内。实践中,可结合移民安置情况声像资料内容精简报告,同时可与移民安置初验及存在问题整改情况报告合并进行。

7. 听取移民安置监督评估工作报告

移民监督评估单位汇报移民安置监督评估工作,一般汇报时间控制在 10 分钟之内。

8. 听取各验收工作组的验收意见

各分类别验收工作组逐一汇报本组移民安置检查验收情况,并发表验收意见,是否同意通过本组移民安置终验工作。

9. 听取移民资金审计意见,以及移民安置终验委员会确定的其他报告

一般由审计部门汇报移民资金审计意见,是否有其他报告,这些工作需要结合实际情况,由移民安置终验委员会确定。

10. 讨论通过移民安置终验报告

终验委员会全体成员讨论移民安置终验报告,每位委员发表验收意见,是否同意通过移民安置终验报告。

11. 移民安置终验委员会成员签字

移民安置验收终验报告应经 2/3 以上的验收委员会委员同意,验收委员会委员应在移民安置验收终验报告签字表上签署“同意”或“不同意”意见,并签名。

对征地补偿和移民安置验收终验报告持不同意见的,应在移民安置终验报告中明确记载其保留意见并签字。移民安置验收中发现的问题,其处理原则应由验收委员会协商确定,主任委员对争议问题有裁决权。

12. 领导总结讲话

移民安置终验意味着移民安置验收这一阶段工作结束，项目法人、省级移民主管部门或上级部门等单位领导发表讲话，全面总结工作，对验收后的移民工作作出布署或提出要求。

9.3.4.4　督促验收问题整改

针对终验过程中发现的问题，包括移民安置自验和初验报告中反映仍未得到有效解决的问题，终验委员会将继续督促整改，明确责任部门、完成时间和处理意见。

9.3.4.5　印送移民安置验收报告

完成验收问题整改，完善验收报告内容，重点检查报告中数据是否准确、签字盖章是否齐全，最后正式印发移民安置终验报告，并将各阶段移民安置验收成果整理归档后移交至档案管理部门。

第 10 章　验收专家组的工作内容

10.1　水利行业与水电行业的不同规定

水利部《水利水电工程移民安置验收规程》(SL 682—2014)未明确组建移民安置专家组的要求。

国家能源局《水电工程建设征地移民安置验收规程》(NB/T 35013—2013)明确了移民安置专家组要求:移民安置验收委员会宜成立专家组,开展验收的技术检查与评价工作,召开验收技术会议,提出经专家组成员签字的专家组验收意见。成立专家组的,专家组长应为验收委员会成员。

专家组验收意见作为验收委员会开展验收工作的基本依据,专家组验收意见明确不具备验收条件的,验收委员会不得通过验收。

验收专家组技术服务成果主要是移民安置专家组验收意见。

水利水电工程移民安置验收主要执行水利行业规程规范,对水电行业规程规范可借鉴使用。在水利水电工程移民安置验收实践中,也有将验收分为技术预验收和行政验收的做法。

10.2　验收专家组编制的移民安置验收意见

验收专家组负责编制移民安置验收意见,主要内容和格式如下。

前言

简述征地移民验收委员会专家组组成和工作开展情况,验收工作时间、方式、方法,验收过程和结论。

1　概况

简述工程概况、工程建设征地影响和移民安置规划设计情况(包括设计变更),组织实施情况。

2　验收依据、验收范围和验收内容

分别简述验收依据、验收范围和验收内容。

3　移民安置任务、实施及完成情况

(1)按照农村移民安置、城(集)镇迁建、工矿企业迁建、专项设施迁建或者复建、防护工程建设、库底清理、移民资金使用管理、移民档案管理和移民后期扶持政策落实情况等内容分别简述移民安置任务、实施情况和完成情况。

(2)简述地方政府和相关单位验收情况。

4　移民资金使用管理情况

简述移民资金批复概算、资金计划下达、拨付到位和使用情况。

5　移民档案管理情况

简述移民档案制度建立和管理情况。

6　移民后期扶持政策实施情况

简述移民后期扶持规划、政策执行和实施情况。

7　存在问题和处理建议

简述验收中发现的主要问题,并提出处理意见。

8　验收结论

简述是否具备验收条件,提出是否同意通过技术验收的明确结论。

9　签字表

若验收委员会专家组成员同意通过移民安置验收,在签字表上签字;若不同意通过移民安置验收,记载其保留意见并签字。

第 11 章　验收技术服务

11.1　委托开展验收技术服务的必要性

委托开展验收技术服务非常必要,一方面,国家对验收工作的要求越来越高,技术性、专业性越来越强,客观上需要一支专业的队伍帮助移民实施管理机构编制验收技术文件,梳理验收技术程序,解决验收技术问题,组织验收技术工作。

另一方面,大中型水利水电工程移民安置工作由于时间长、涉及面广,移民安置实施管理机构人员力量有限,人员更迭较快,到移民安置验收时,在移民安置初期集中抽调的人员大多都离开了,难以再次集中办公,力量更显不足。

根据《国务院办公厅关于政府向社会力量购买服务的指导意见》(国办发〔2013〕96 号)和财务部发布的《政府购买服务管理办法(暂行)》(财综〔2014〕96 号)等相关规定,由政府牵头委托移民工作经验丰富、专业技术管理水平高的技术服务单位对移民安置验收工作进行技术咨询,既能充分发挥地方政府以行政管理见长的协调沟通能力,又能通过技术咨询服务弥补政府技术力量薄弱的短板,从而能更好地规范移民安置验收工作。

专业的工作交给专业的人做,专业的人来做专业的事。专业和不专业的区别在于能否提供高质量的技术服务、能否完成高质量的报告成果。

因此,为了适应国家对加强移民安置验收工作的高标准、高要求,高质量完成移民安置验收工作,委托专业机构开展移民安置验收技术服务是必要的。

11.2　验收技术服务工作的委托方

验收技术服务主要是帮助移民实施管理机构开展验收工作,因此验收技术服务工作的委托方一般是移民实施管理机构自身。在实际工作中,出于尽快推动验收工作的需要,项目法人往往也有动力委托验收技术服务单位帮助各移民实施管理机构开展验收工作;也有与项目法人签订移民安置协议的地方人民政府或其移民实施管理机构统一委托验收技术服务单位,帮助各级移民实施管理机构开展验收工作。

11.3　验收技术服务单位的选择

验收技术服务单位的选择主要根据服务内容而定,选择方式有多种,包括公开招标、竞争性磋商、竞争性谈判、单一来源政府采购、询价采购和直接委托等方式。

《必须招标的工程项目规定》(国家发展改革委第 16 号令)明确规定:勘察、设计、监理等服务的采购,单项合同估算价在 100 万元人民币以上的项目,必须招标。但在实践中,各地对于政府采购和公开招标的要求各有不同,一般低于国家规定必须招标的额度。据初步统计,验收技术服务合同金额在 100 万元以上采取公开招标较多,50 万~100 万元采取竞争性磋商采购等方式较多,50 万元以下采取直接委托的方式较多。

11.4　验收技术服务单位的资格要求

从开展验收技术服务的实践经验看,技术服务单位的资格要求主要包括以下几个方面(不限于):

(1)具备独立法人资格和有效营业执照,具有行业自律部门认可的工程移民监理监测评估资质或工程咨询资质;或具备独立法人资格和有效营业执照,具有移民安置验收工作能力与业绩。

(2)具有良好的社会信誉。

(3)具有履行合同所必需的人员、资金、设备和专业技术能力。近三年内承担过移民安置验收技术服务或移民监理、监测评估、监督评估等移民项目业绩。

(4)项目负责人具有工程类、经济类等与移民工作相关的高级技术职称和五年以上移民安置工作经历,也可对项目负责人提出具有注册咨询工程师或注册水利工程监理工程师、水利工程移民监督评估师等资格要求。

(5)近三年潜在投标人在投标活动中无违法行为记录,没有处于被责令停业和财产被接管、冻结、破产状态,不存在违规、违纪、违法行为。

特别说明的是,按照国务院有关取消和下放行政审批项目等事项的决定,大中型水利工程移民安置监督评估单位资质认定和移民安置监督评估专业技术人员资格认定由中国水利工程协会自律管理。在过渡期内,协会明确水利部颁发的工程移民监理、监评资质仍有效,确保移民监督评估招投标、移民安置技术服务招投标等工作正常运行。

在选择移民安置验收技术服务单位时,根据国务院关于资质资格管理工作的精神,也可以对企业资质不做要求,重点考察移民安置验收技术服务单位的类似项目业绩和人员能力,尤其是项目负责人和主要团队人员的能力与业绩情况。

11.5 主要服务内容

一般情况下,验收技术的服务内容比较明确。但实际上,很多项目在启动移民安置验收工作时,仍然存在移民安置实施规划未编制或未批复、移民安置仍有未完工作、专项设施迁建或复建工程未按合同约定进行专项验收、档案资料未按规定整理等问题,这就增加了验收技术服务内容。

验收技术服务内容根据移民安置实施管理机构等委托人的要求不同而不同,结合项目实际情况,主要包括以下内容(不限于)。

11.5.1 政策咨询

针对移民安置实施过程中出现的各种棘手问题提供政策咨询。

以××水库移民安置实施管理为例,政策咨询工作分为三个阶段。

第一阶段为双方就移民问题沟通交流阶段。委托方就当前移民安置工作中存在的问题与受托方进行沟通,受托方根据当前存在的问题有针对性地组织邀请相关领域的专家参加咨询工作。

第二阶段是咨询工作开展阶段,分别通过面对面交流、沟通、请教,组织专题咨询工作会、座谈讨论的形式就存在的问题进行深入探讨。

第三阶段是咨询报告形成阶段,根据专家意见,经专家组长审定后形成最终政策咨询成果报告。

11.5.2　培训

接受培训是广大移民工作者和管理者获取知识、把握政策、掌握技能的重要途径之一。培训内容要有针对性，达到学而能用的效果，避免流于形式。就移民安置验收来说，首先要制订培训方案，委托方组织或委托组织业务培训活动，让移民安置验收具体工作人员明白移民安置验收的工作内容、工作程序、工作方法等事项，统一思想，形成共识，进而提高从业人员移民政策水平和实际工作处理能力。

11.5.3　帮助委托方规范移民安置管理工作

帮助委托方梳理工作职责和工作任务清单，协助委托方及时履行法定职责，完成工作任务；协助委托方加强对征地移民安置监督评估或监理监测工作的管理，督促帮助有关单位开展规范服务；针对征地移民安置中存在的问题，提出处理意见与建议。

11.5.4　帮助委托方完成移民安置档案资料整理及验收工作

按照《水利水电工程移民档案管理办法》（档发〔2012〕4 号）等有关规定，结合项目具体情况，帮助各级移民实施管理机构制定完善移民档案管理制度，细化技术要求，加强移民安置档案资料整理。

由于移民安置参与单位多，移民安置工作内容多，所以移民安置档案资料也很多。就工作过程中形成的具有保存价值的文字、图表、声像等不同形式和载体的历史记录，技术服务单位可提供如下服务，包括：

（1）指导委托方建立适用于本项目的移民档案收集、整理、移交和归档等规章制度，让制度上墙，让制度上心，促使制度落实在日常行动上。

（2）制定档案整理技术标准和分类大纲，把移民安置档案分为移民安置前期工作、移民安置实施工作、移民工作管理监督、移民资金管理文件、水库移民后期扶持工作等几大类别，提出详细的技术整理要求。

（3）提供移民档案整理技术指导和培训，达到移民档案边产生、边收集、边整理的工作效果。

（4）对移民档案进行数字化加工处理，做到纸质化档案收集与电子化档案加工同步进行，提高移民档案的管理水平。

（5）参与移民安置档案专项验收工作。

移民安置档案的整理归档工作可委托专门的档案服务机构进行，但大多专门的档案服务机构精通于档案自身技术工作，而对移民安置业务工作不太熟悉。实践经验表明，不熟悉移民安置工作的专门档案服务机构，有时难以满足移民实施管理机构对验收咨询服务的要求，既熟悉档案业务工作又熟悉移民安置业务工作的服务机构比较受欢迎。

11.5.5　协助委托方完成移民安置验收工作

11.5.5.1　自验服务内容

(1)拟定自验委员会和分类别验收工作组组建文件，起草移民安置自验工作方案；

(2)根据移民安置规划和移民安置实施情况，设计移民安置验收表格并指导填写；

(3)起草移民安置实施工作报告；

(4)配合做好移民安置实施工作报告与移民安置规划设计工作报告、监督评估工作报告之间的衔接；

(5)指导制作移民安置实施工作情况声像资料；

(6)协助各类别验收工作组(包括农村移民安置、城(集)镇迁建、工矿企业迁建、专项设施迁建或者复建、防护工程建设、库底清理、移民资金使用管理、移民档案管理等类别)开展现场检查工作，起草各验收工作组验收报告和验收意见；

(7)编制移民安置自验大会会序册(会议指南)；

(8)起草主持人主持词；

(9)起草移民安置实施工作报告发言稿；

(10)起草各分类别验收工作组汇报材料；

(11)起草移民安置自验报告及汇报材料；

(12)起草领导讲话稿；

(13)设计移民安置自验程序，指导移民安置自验大会召开；

(14)针对验收中提出的问题提出整改建议；

(15)根据自验委员会意见，修改完善移民安置自验报告。

11.5.5.2　初验服务内容

(1)起草移民安置自验存在问题整改报告；

(2)指导整理移民安置初验备查资料；

(3)起草移民安置初验申请文件;

(4)起草移民安置实施工作报告及汇报材料(涉及多个县级行政区域的);

(5)起草移民安置管理工作报告及汇报材料(从项目法人角度);

(6)协助委托方开展移民安置初验工作;

(7)根据验收委员会意见修改完善移民安置初验报告。

11.5.5.3　终验服务内容

根据委托方和验收主持单位要求,配合做好移民安置终验工作。

第 12 章　移民安置验收的重点和难点

移民安置验收工作是征地补偿和移民安置工作的必要程序和重要内容,也是对移民工作进行的一次全面地回顾和检阅。各级移民管理机构应站在全局的高度,广泛动员,不断提高对移民安置验收工作的认识,围绕上级移民主管部门的总体安排,善始善终,保质保量完成水利水电工程移民安置验收任务,为征地补偿和移民安置工作划上圆满的句号。

本书根据验收有关规定和以往工作实践经验,把移民安置验收的重点和难点以及需要注意的问题进行了总结。

12.1　移民安置验收的重点

12.1.1　遗留问题处理

枢纽工程导(截)流阶段、水库工程下闸蓄水(含分期蓄水)阶段和工程竣工移民安置验收均应满足一定的条件(详见本书前述 1.5.5 验收的阶段及条件),方可开展移民安置验收工作。

为了推动移民安置验收,验收前遗留问题需要尽快解决或明确处理方案。各参验单位要高度重视移民安置验收工作,特别是遗留问题的处理。如移民安置验收不符合有关规定而通过验收,监督检查部门将通过各种方式要求验收委员会予以纠正、暂停验收或重新验收;当出现严重问题时,将受到问责追责。

12.1.2　档案整理

移民档案是移民安置验收中的重中之重,体现了移民安置实施过程的原始面貌。

移民档案整理应安排专人负责,按相关规定进行规范管理,档案分类科学,收集齐全,整理规范,排列有序,符合档案管理相关法律、法规所规定的要求;移民档案资料保存库房和装具、设施设备符合档案管理要求。当移民实施管理机构人员力量不能满足档案整理有关要求时，可聘请第三方技术服务单位协助完成。

移民档案验收可以在移民安置验收前单独组织进行，也可以与移民安置验收同步进行。

12.1.3　移民资金财务决算报告编制

与项目法人签订移民安置协议的地方人民政府或其移民管理机构在工程竣工移民安置初验前应向验收委员会提供移民资金财务决算报告。

移民资金财务决算的主要依据是《水利部基本建设项目竣工财务决算管理暂行办法》（水财务〔2014〕73 号）和《水利基本建设项目竣工财务决算编制规程》（SL 19—2014）。地方人民政府或其移民管理机构应结合项目实际情况执行以上规定。建议在工程竣工移民安置自验或之前安排编制移民资金财务决算报告，避免影响总体移民安置验收进度。

12.1.4　政府审计报告出具

依据验收有关规定，政府审计机关在工程竣工移民安置初验前应向验收委员会提供移民资金使用管理情况审计报告。

政府审计机关一般指县级以上审计部门，政府审计部门可委托第三方（如会计师事务所）对移民资金使用管理情况进行审计。建议在工程竣工移民安置自验或之前完成移民资金使用管理情况政府审计，避免影响总体移民安置验收进度。

12.1.5　验收委员会成立

成立移民安置验收委员会标志着移民安置验收工作正式启动。移民安置自验、初验和终验的组织，均应成立相应的验收委员会，负责移民安置验收工作。

以移民安置自验为例，移民安置自验委员会主任委员应由县级人民政府或其授权部门的代表担任。自验委员会成员应包括县级人民政府及其移民管理机构和相关部门、地（市）级移民管理机构、有关乡（镇）人民政府、项目法人、移民安置规划设计单位、移民安置监督评估单位的代表、有关专家和移民代表。

县级移民管理机构应向县政府分管领导汇报移民安置验收前需要完成

的各项工作，包括起草的自验工作方案、拟定的自验委员会成员单位名单、拟定的分类别验收工作组成员单位名单等，确保有序推进移民安置自验工作。必要时，项目法人牵头组织地方人民政府及其移民实施管理机构，商议启动移民安置验收工作，以引起参验各方高度重视。

12.2　移民安置验收的难点

12.2.1　协调

移民安置验收启动不了或推动缓慢，原因有很多方面，但都需做大量的协调工作。

项目法人在移民安置过程中往往是参与者角色，而地方政府及其移民实施管理机构是实施主体。当移民安置进入验收环节后，地方政府及其移民实施管理机构重视程度有所减弱，在部分工作认识上存在不足，而项目法人为做好下一步水利水电工程主体验收，会协调地方人民政府及其移民实施管理机构，水利、交通、自然资源、移民安置规划设计、监督评估等单位和部门推动移民安置验收，协调任务重，协调难度比较大。一般都有专门负责协调的领导班子或安排专人负责，以便保持工作的连续性。

12.2.2　验收工作经费

验收工作经费包括有关会议材料印刷费、会议办公用品费、专家聘请费、会议费、交通费等，验收工作经费充足将有利于推动移民安置验收工作。

很多项目，移民安置实际完成投资超过批复的移民概算投资，移民安置遗留问题被长期搁置，地方配套资金和自筹资金落实不到位，造成移民安置经费严重不足。验收工作经费未落实或无法保证，必将影响移民安置验收工作的正常推动。

12.2.3　验收数据校核与统一

验收数据包括规划数据和实施数据，而实施数据又涉及财务、工程、业务等部门和单位。数据不是没有，而是数据来源太多，很难在各个数据之间形成统一。通过填写验收表格和校核数据，要能够清晰地看出数据的完整性、准确性。

人员稳定和工作连续是验收数据完整、准确的关键。很多项目,人员变化调整较大,缺少前后工作之间的衔接,这将花费大量时间和精力用在填写验收表格、校核数据和统一数据上。

12.2.4　声像资料制作

一般情况下,地方人民政府及其移民实施管理机构委托地方广播电视台或第三方服务机构制作移民安置实施情况声像资料。综合考虑制作成本费用、制作时间等因素,选择后者多些。

声像资料制作需要一定的素材,如图片、视频、音频和解说词等,而制作方主要工作是对声像资料本身的技术处理。难点是委托方需要一定的专业技术水平和写作水平,非常熟悉移民安置情况,提供质量较高的解说词。

12.2.5　会议材料

会议材料包括移民安置实施管理工作报告、项目法人移民安置管理工作报告、移民安置规划设计工作报告、移民安置监督评估工作报告、各分类别验收工作组的验收报告(验收意见)、移民资金审计意见等验收材料,其他材料包括会序册(会议指南)、各单位发言材料等。

这么多会议材料都需要安排编写,都需要花费大量的时间和精力去完成。难点是这些工作由谁去完成,完成的成果要移交存档、要经得起历史和各级部门检验,不能随便了事。

12.3　验收中需注意的问题

水利水电工程移民安置工作是关系惠民政策在基层落实、关系民生福祉、关系水利改革发展、关系地区和谐稳定的重要工作。随着我国经济发展进入新常态,已由高速增长阶段转向高质量发展阶段,移民安置工作也面临着前所未有的机遇和挑战。国家先后确定 172 项、150 项重大水利工程建设的投入以及“十四五”规划中关于重大水利工程建设的安排都给移民安置工作带来了新挑战。本书通过总结工作经验和不断探索,把握工作规律,提出以下验收中需注意的问题,以供指导新的实践。

12.3.1 要高度重视,责任落实到位

各级地方政府要高度重视移民安置验收工作,要把移民安置验收工作纳入政府年度工作任务,摆上重要的议事日程,以高度的责任感和使命感,切实加强对移民安置验收工作的领导。移民安置工作的关键在于组织领导,移民安置政策的执行力、移民安置工作的推动力、各方利益调整与协调都在于组织领导。要转变工作作风,不走形式、不走过场,决不消极应付、敷衍塞责。征地移民工作要切实严格要求、规范实施,抓紧解决好移民安置工作中的遗留问题,对排查出来的问题要采取措施,逐项逐个落实到位。

地方人民政府、移民实施管理机构、项目法人、设计单位和监督评估等参建各方要高度重视,所有参验单位要各司其职,各尽其责,密切配合,形成合力。同时,要把验收工作落实到具体部门、具体人员,绝不能互相推诿扯皮,也不能越俎代庖,更不能当“甩手掌柜”。要切实加强组织领导,依法依规协调各方利益,求真务实抓好各项工作,确保依法依规、科学合理地开展移民安置验收工作。

12.3.2 要建立一支技术过硬的移民工作队伍

移民实施管理机构是水利水电工程移民安置实施的组织保证。目前,有的地方设立了明确的移民实施管理机构,配备了相应的工作人员,各项工作开展有条不紊;有的地方移民实施管理机构是临时机构,多数工作关系不顺畅,干部思想不稳定,技术力量薄弱,业务生疏,缺乏经验,这种状况与所担负的繁重、复杂的移民工作任务很不适应。到验收阶段,要圆满完成移民安置验收任务,必须有一支政策水平高、业务能力强、工作经验多、工作作风硬的移民工作队伍,熟悉移民安置业务知识和规程规范,尤其是对既有政策的准确运用与把握,在验收过程中能够出实招、办实事、求实效,依法完成移民安置验收工作。

12.3.3 要重视验收培训工作

为做好水利水电工程移民安置验收工作,明确各方职责,规范验收行为,一般移民管理部门或项目法人要举办水利水电工程移民安置验收培训会,水利、交通、财政、档案、审计和各有关市、县级移民实施管理机构、规划设计、监督评估等部门和单位派员参加培训,对推动验收工作十分有利。

培训内容要有较强的针对性、指导性和可操作性,内容能够涵盖法规政策、移民安置、项目管理、档案管理、验收管理等方面,对提升业务人员的管理水平和验收质量大有促进。通过培训,各级移民工作人员要吃透政策文件精神,明确责任,把握要点,为验收工作提供技术支撑,在验收评定标准上不打折扣,在验收程序上不搞变通。所有参验人员要认真履行职责,必须严肃纪律,对验收成果签字确认,对验收结论负责,确保验收工作取得实效。

12.3.4　要严格搞好移民资金验收

要严格按照规定管理使用移民资金,工程建设永久征地、临时用地、房屋及附属建筑物、地面附着物等补偿费用,必须专款专用。树立"红线"意识,建立规章制度,严格财经纪律,以制度管财,决不触碰"高压线"。

移民资金使用管理验收要检查移民资金管理制度是否健全,补偿标准是否得到较好执行,补偿费用是否足额兑付到位;要检查移民资金审计、稽察提出的问题是否得到整改落实。

12.3.5　要切实履行设计变更管理

设计变更是指移民安置实施阶段对批准后的移民安置规划进行的调整和完善。在实施过程中,淹没处理设计难以达到工程设计的深度,地方政府考虑到地方经济发展需要,移民心理的多变性和当地气候、地质等外界影响,都会造成移民规划设计变更。征地移民工作政策性强、影响面广,面对的问题复杂多样,要统筹安排,做好设计变更管理工作。

设计变更应当遵循这些原则:符合国家相关法规政策和技术标准的要求;有利于提高移民安置质量和推进移民安置工作;严格执行经审核同意的设计变更方案,不得随意变更,让实施走样。

在水利水电工程移民安置验收时,能否按规划(含设计变更)组织实施是一项重要的验收内容和标准,因此要根据项目设计变更管理有关要求,区别是一般设计变更还是重大设计变更,检查是否按相应的权限和程序办理变更手续。

12.3.6　要规范整理移民档案资料

移民档案反映了移民安置工作过程,档案管理质量高低体现了移民安置实施管理水平。移民档案普遍存在的问题是移民资料收集不齐全、整理不规范。要加强领导，建立规章制度，明确专人负责档案管理，规范档案整理，采取有效措施确保移民档案的完整、准确、系统、安全和有效利用。

12.3.7 要把好验收质量关

地方人民政府、移民实施管理机构、项目法人、规划设计和监督评估等参建单位和部门要严格履行验收程序，规范移民安置验收的范围、条件、方法、程序等，技术参数就实不就虚，移民资金补偿兑付等实施数据要真实，不得弄虚作假，抓好抓实各阶段的工程项目建设和移民安置管理节点。要切实解决思想上重视不够、麻痹大意，工作上大而化小、浅尝辄止等问题，要着力排查和纠正工程质量问题和移民权益保障问题，扎实做好移民安置验收准备工作，依法依规开展工程竣工移民安置验收，并对验收中发现问题的整改落实情况加强督促检查，采取得力措施，推进问题解决，确保移民生产生活得到妥善安置，确保项目终验顺利通过。

12.3.8 要保障移民的合法权益

移民是水利水电工程建设征地补偿和移民安置的主体。在移民安置验收工作中，应当保障移民的知情权、参与权、表达权和监督权，严格执行国家和地方有关部门制定的水利水电工程建设征地补偿和移民安置相关法律、法规、政策，工作程序要透明，制度标准要遵循。征地补偿和移民安置验收前，验收组织（主持）单位要广泛听取移民群众的意见，必要时到移民区和安置区召开移民代表座谈会或者采取其他方式充分了解移民安置情况。

地方人民政府及有关部门要组织工作人员认真学习移民条例和验收规程等有关规定和移民政策，释疑解惑，避免因为政策调整、对政策理解上的偏差而引起不必要的矛盾和冲突。

12.3.9 要对验收中的问题有明确的解决方案

移民安置验收中的问题分为一般问题和重大问题。

一般问题不影响移民安置验收，但各有关单位应按验收委员会提出的处理意见，按期妥善处理，并及时将处理结果报验收组织（主持）单位。

坚持问题导向，针对移民安置工作中存在的遗留问题，各单位要明确责任单位、责任人，级级压责任，层层抓落实，确保工作有序推进。要建立问题整改时间表、任务表、责任表，切实把问题整改责任压实、压细、压准，确保问题整改不落空，难度不大的问题务必限期整改到位。

如果在移民安置验收过程中发现重大问题，验收委员会可停止验收，并及时报上级主管部门。

12.3.10　要加强执法和监督力度，落实工作责任

移民条例及配套法律法规的颁布施行，是党中央、国务院以人为本、执政为民理念的具体体现。地方人民政府一定要深刻认识移民工作的重要性，以移民安置验收工作为契机，切实维护好移民合法权益，督促移民安置相关单位履行法定义务，将移民工作抓实、抓好。

各级各部门要各司其职，各负其责，密切配合，善始善终把移民安置验收工作任务落到实处。

12.3.11　要做好社会稳定工作

由于不同阶段、不同地区水利水电工程移民的补偿标准和扶持力度有所差别，使移民区与非移民区、不同时期搬迁的移民区之间经济发展不平衡，造成了移民心理的不平衡，影响了移民区的安定和区域社会的稳定。

因此，要加强对移民社会稳定工作的领导，实行移民社会稳定工作责任制，做到一级抓一级，层层抓落实。要建立健全社会稳定风险防控机制，紧紧围绕合法性、合理性、可行性、可控性等方面进行移民安置验收社会稳定风险评估，提出应对措施，妥善解决各种苗头性问题，从源头上消减和化解不稳定、不和谐因素，努力把矛盾化解在萌芽状态，以保证移民安置验收工作顺利推进。

12.3.12　要做好移民宣传工作，营造良好氛围

近年来，社会媒体加大了对水利水电工程移民工作的宣传报道，特别是通过对长江三峡、黄河小浪底、南水北调等国家重点工程移民安置工作的宣传，极大地提高了社会各界对移民工作重要性的认识，营造了全社会关心支持移民工作的良好氛围，也为开展移民安置验收工作创造了较好条件。

第 13 章　移民安置验收监督

验收规程专设“验收监督”一章，明确了移民安置验收监督机构的职责、监督内容和监督方法等。

13.1　移民安置验收监督部门

国务院水行政主管部门负责全国大中型水利水电工程移民安置验收工作的管理和监督。省级人民政府或者其规定的移民管理机构负责本行政区域内水利水电工程移民安置验收工作的管理和监督。

13.2　移民安置验收监督主要内容

依据验收规程，移民安置验收监督主要内容包括：

(1) 验收工作是否及时。

(2) 验收条件是否具备。

(3) 验收人员组成是否合理。

(4) 验收程序是否规范。

(5) 验收资料是否齐全。

(6) 验收结论是否准确。

(7) 验收提出的问题是否及时整改。

13.3　移民安置验收管理的方法

移民安置验收管理的方法包括听取汇报、查阅资料、现场检查、参加验收活动、对验收成果文件进行收集备查。

省级移民管理机构要积极创新监管方式，在明察方式的基础上，稳步推行随机、明察暗访有机结合等方式，视情况采取“四不两直”（“四不两直”指“不发通知、不打招呼、不听汇报、不用陪同接待，直奔基层、直插现场”）、交叉互检等方式，增强监管效果。通过市场购买服务引入第三方或依托直属技术支撑单位等方式，增强监管力量。

13.4　移民安置验收监督管理

13.4.1　建立监督管理制度

省级移民管理机构应按照《水利部关于印发水库移民工作监督检查办法（试行）的通知》（水移民〔2019〕400 号）要求，结合本地区实际制定水库移民工作监督检查实施细则，明确监管责任、监管程序、监管队伍、监管内容、监管方式和问责机制，使监督检查工作有法可依、有章可循、有据可判、有责必问，突出实用导向，确保制度可行和管用。

13.4.2　责任追究

验收规程提出，移民安置验收监督部门应现场检查移民安置验收工作开展情况，当发现移民安置验收不符合有关规定时，移民安置验收监督部门应及时要求验收委员会予以纠正；当发现存在重大问题时，要求验收委员会暂停验收或重新验收。

《水利部关于印发加强水库移民工作监督管理指导意见的通知》（水移民〔2019〕365 号）规定，省级移民管理机构落实责任追究制度。一是严格落实水利部实施的责任追究或提出的责任追究建议，并将责任追究结果及时报送水利部。二是对省级监督检查发现的一般问题应现场立查立改，提高整改效率；严重问题要采取责令整改、约谈和通报等方式，警示有关单位和个人规范管理。三是对截留、挤占和挪用移民资金等严重问题，按照有关规定对有关单位和个人实施责任追究。四是发现违法违纪线索的，要及时移交有关纪检监察部门。

《水利工程建设项目验收管理规定》（水利部令第 30 号，2017 年修正）明确规定：

第四十一条　违反本规定，项目法人不按时限要求组织法人验收或者不具备验收条件而组织法人验收的，由法人验收监督管理机关责令改正。

第四十二条　项目法人以及其他参建单位提交验收资料不真实导致验收结论有误的，由提交不真实验收资料的单位承担责任。竣工验收主持单位收回验收鉴定书，对责任单位予以通报批评；造成严重后果的，依照有关法律法规处罚。

第四十三条　参加验收的专家在验收工作中玩忽职守、徇私舞弊的，由验收监督管理机关予以通报批评；情节严重的，取消其参加验收的资格；构成犯罪的，依法追究刑事责任。

第四十四条　国家机关工作人员在验收工作中玩忽职守、滥用职权、徇私舞弊，尚不构成犯罪的，依法给予行政处分；构成犯罪的，依法追究刑事责任。

移民安置验收事前监督指导比事后监督问责更重要、更有意义，应加大事前监督工作力度，做到关口前移，未雨绸缪，变被动的事后监督查处为积极主动的事前防范。

第 14 章　关于加强移民安置管理的思考

14.1　移民安置验收存在的问题

从移民安置验收实践中看，在移民安置前期、实施管理等阶段存在的问题，概括如下。

14.1.1　移民安置规划设计变更不严谨

由于移民规划设计深度不够、设计管理不到位、各方利益冲突等因素，经常出现移民安置刚刚开展就提出设计变更的情况，移民安置规划的随意变更和轻易修改，极大地影响了移民安置的实施进度和质量。而移民安置规划的权威性和执行力不足，规划设计变更不严谨，使得在移民安置竣工验收开展前还有工程项目要进行移民投资概算调整，给移民安置竣工验收的开展带来了不利影响。

14.1.2　监督评估作用发挥不充分

监督评估单位疏于现场管理，监督不到位，或者技术力量薄弱，只笼统地提问题，规避责任，却未能真正地校正实施过程中的错误或失误，导致在工作中出现了各种问题，未能站在第三方的立场上运用政策去协调解决。

此外，移民安置不确定因素较多，移民安置实际工期往往远超计划工期，导致监督评估服务时间延长，受监督评估合同固定总价和移民投资概算制约等情况影响，监督评估未能因延期服务得到合理报酬追加，以致服务力量消减，影响监督评估作用发挥。

14.1.3　移民资金管理不规范

有的移民实施管理机构不按照“资金跟着项目走、项目跟着计划走、计划跟着规划走”的原则，没有正确地对待资金的管理和使用，未能保证移民资金专款专用，以“急事急办、特事特办”为借口，有时会发生挪用资金行为;有的移民实施管理机构内部没有形成有效的监管,资金拨付使用往往由财务部门一把手控制,而财务的支出更多地倾向于人治,没有具体可行的规章办法可以依据;有的移民实施管理机构账目管理不规范,会计科目设置与移民规划概算项目不匹配,各方提供的资金使用、补偿兑付数据之间存在差异,使得验收人员无法对移民资金使用情况进行判定;移民安置项目完成后有结余费用,未明确结余费用如何处理。

14.1.4　移民监管不给力

移民安置实施过程中,有不少移民工作由乡村一级具体实施,个别人员缺少规矩意识、规范意识,不能依法和坚持原则办事,“家长制”作风严重,搞“一言堂”,工作的随意性较大,以致出现了违规现象,极个别还出现了违法现象。

14.1.5　档案管理不到位

移民档案管理不到位,主要表现在:有的地方移民档案管理重视程度不够,制度落实不到位,没有及时移交保管,放置无序,存在遗失隐患;有的档案员业务知识不精通,没有接受过系统的档案专业培训,对档案的分类、保管期限等标准理解不统一,造成归档立卷、分类混乱。另外,征地移民工作往往参与单位多,时间跨度长,人员更替频繁,使档案管理队伍不稳定,影响了档案管理的持续性,导致移民档案整理难度大,无法深入、有序开展。

14.1.6　验收存在违规行为

(1)移民安置未经验收或者验收不合格,项目法人违规下闸蓄水。这一违规行为的主体是项目法人,企业为了追求其经济利益最大化,让项目尽快投产发电,无视移民安置验收的相关规定违规下闸蓄水,这种现象较为突出,特别是在相对缺乏社会责任约束的民营企业开发的水电项目中较为高发。

(2)移民安置验收工作中弄虚作假。这一违规行为的主体可能是项目法人,也可能是其他主体。

(3)移民安置未经验收或者验收不合格而对大中型水利水电工程进行阶段性验收或者竣工验收。这一违规行为的主体是有关主管部门,移民安置验收是整个水利水电工程验收的前置条件,如移民安置未经验收或者验收不合格，而相应主管部门就对工程进行了验收，相关主管部门的有关责任人应受到追责。

14.2　移民安置面临的形势

14.2.1　我国进入“新时代”[1]，中央提出乡村振兴战略

乡村振兴是实现中华民族伟大复兴的一项重大任务。中央指出，要围绕立足新发展阶段、贯彻新发展理念、构建新发展格局带来的新形势、提出的新要求，坚持把解决好“三农”问题作为全党工作重中之重，坚持农业农村优先发展，走中国特色社会主义乡村振兴道路，持续缩小城乡区域发展差距，让低收入人口和欠发达地区共享发展成果，在现代化进程中不掉队、赶上来。全面实施乡村振兴战略的深度、广度、难度都不亚于脱贫攻坚，要完善政策体系、工作体系、制度体系，以更有力的举措、汇聚更强大的力量，加快农业农村现代化步伐，促进农业高质高效、乡村宜居宜业、农民富裕富足。

14.2.2　全面依法治国强力推进

中央要求，依法全面履行政府职能。完善行政组织和行政程序法律制度，推进机构、职能、权限、程序、责任法定化。行政机关要坚持法定职责必须为、法无授权不可为，勇于负责、敢于担当，坚决纠正不作为、乱作为，坚决克服懒政、怠政，坚决惩处失职、渎职。行政机关不得法外设定权力，没有法律法规依据不得作出减损公民、法人和其他组织合法权益或者增加其义务的决定。推行政府权力清单制度，坚决消除权力设租寻租空间。

推进各级政府事权规范化、法律化，完善不同层级政府特别是中央和地方政府事权法律制度，强化中央政府宏观管理、制度设定职责和必要的执法权，强化省级政府统筹推进区域内基本公共服务均等化职责，强化市、县政府执行职责。

14.2.3　扶贫攻坚和乡村振兴有效衔接

2020 年，全国脱贫攻坚取得决定性成就，稳定实现农村贫困人口不愁

[1] “新时代”指中国特色社会主义新时代。

吃、不愁穿,义务教育、基本医疗和住房安全有保障。实现贫困地区农民人均可支配收入增长幅度高于全国平均水平,基本公共服务主要领域指标接近全国平均水平。我国农村贫困人口全部实现脱贫,贫困县全部摘帽,解决了区域性整体贫困。

中央提出,要切实做好巩固拓展脱贫攻坚成果同乡村振兴有效衔接各项工作,让脱贫基础更加稳固、成效更可持续。对易返贫致贫人口要加强监测,做到早发现、早干预、早帮扶。对脱贫地区产业要长期培育和支持,促进内生可持续发展。对易地扶贫搬迁群众要搞好后续扶持,多渠道促进就业,强化社会管理,促进社会融入。

14.2.4　强化监督检查的态势持续

为准确把握新时期水利改革发展对水库移民工作提出的新要求,水利部印发了《加强水库移民工作监督管理的指导意见》和《水库移民工作监督检查办法》,强化了水库移民工作监督检查,使得水库移民工作监督检查有法可依、有章可循、有据可判、有责必问。

用监督传递压力,用压力推动落实,整合现有监管力量,加强监管队伍建设,积极争取监管工作经费,全面提升监管能力,营造良好的强监管氛围,为水库移民工作监管提供坚强保障。

14.2.5　移民安置管理体制改革不断推进

《大中型水利水电工程建设征地补偿和移民安置条例》(国务院令第471号)第二十二条第一款规定,大中型水利水电工程建设征收耕地的,土地补偿费和安置补助费之和为该耕地被征收前三年平均年产值的16倍。2015年,《中共中央　国务院关于加大改革创新力度加快农业现代化建设的若干意见》(中发〔2015〕1号)决定,重大水利工程建设的征地补偿实行与铁路等重大基础设施项目同等政策。铁路等重大基础设施项目自《国务院关于深化改革严格土地管理的决定》(国发〔2004〕28号)发布后,征地补偿标准由原来的按照前三年平均产值的10到16倍,逐步过渡到按照省、自治区、直辖市公布的统一年产值或者区片综合地价补偿。

为了将此项政策法定化,国务院令第679号文件将《移民条例》第二十二条第一款“大中型水利水电工程建设征收耕地的,土地补偿费和安置补助费之和为该耕地被征收前三年平均年产值的16倍。土地补偿费和安置补助费不能使需要安置的移民保持原有生活水平、需要提高标准的，由项目法人或者项目主管部门报项目审批或者核准部门批准"，以及第二款"征收其他土地的土地补偿费和安置补助费标准，按照工程所在省、自治区、直辖市规定的标准执行"，合并修改为："大中型水利水电工程建设征收土地的土地补偿费和安置补助费，实行与铁路等基础设施项目用地同等补偿标准，按照被征收土地所在省、自治区、直辖市规定的标准执行。"决定自 2017 年 6 月 1 日起施行。

2017 年 10 月，根据中央编办的安排，原水利部水电局和原水利部移民局作为首批承担行政职能事业单位改革试点单位，在整合原有职能的基础上组建成立了水利部水电移民司。经 2018 年水利部机构改革，现为水利部水库移民司，实现了行政职能回归行政机构，这是全国移民管理体制改革的重要举措，将对加强水利水电移民工作的行政管理产生重大影响。

14.2.6　移民条例面临进一步修订

2019 年国家对土地管理法进行了修订，新土地管理法在总结试点经验的基础上，改革土地征收制度做出了多项重大突破：

一是对土地征收的公共利益范围进行明确界定。新土地管理法增加第四十五条，首次对土地征收的公共利益进行界定，采取列举方式明确：因军事和外交、政府组织实施的基础设施、公共事业、扶贫搬迁和保障性安居工程建设需要以及成片开发建设等六种情形，确需征收的，可以依法实施征收。这一规定将有利于缩小征地范围，限制政府滥用征地权。

二是明确征收补偿的基本原则是保障被征地农民原有生活水平不降低，长远生计有保障。以区片综合地价取代原来的年产值倍数法，在原来的土地补偿费、安置补助费、地上附着物和青苗补偿费的基础上，增加农村村民住宅补偿费用和被征地农民社会保障费用的规定，从法律上为被征地农民构建更加完善的保障机制。

三是改革土地征收程序。将原来的征地批后公告改为征地批前公告，多数被征地的农村集体经济组织成员对征地补偿安置方案有异议的，应当召开听证会修改，进一步落实被征地的农村集体经济组织和农民在整个征地过程的知情权、参与权和监督权。倡导和谐征地，征地报批以前，县级以上地方政府必须与拟征收土地的所有权人、使用权人就补偿安置等签订协议。

新土地管理法的重要修订,使得移民条例的进一步修订成为必然。

14.3 从移民安置验收角度提出加强移民安置管理工作的对策与措施

从移民安置验收实践看,移民安置管理中仍存在着诸多问题,有其复杂的历史、现实、政策、体制等原因,搞好包括移民安置验收在内的移民安置工作,必须顺应时代发展的潮流,坚持问题导向,提出相应的对策措施。

14.3.1 前期工作依法开展,加大深度,要及时完成设计变更和规划调整

首要的是加大前期工作的深度,使规划更接地气,把规划设计的每一个工作程序走好走实,编制的规划方案才切实可行。

在移民搬迁安置过程中因审批程序多、时间长等,导致移民区总是出现违规抢建情况。如不及时处理,极易发生群体性事件、上访事件等不好处理的问题。因此,在工程建设征地和移民搬迁安置时,较移民安置规划(实施规划)发生较大变化也是不得不面对的问题,这就要及时完成设计变更和规划调整报批手续,为下一步实施和验收工作提供合规依据。

14.3.2 创新安置方式,降低安置风险

从中央提出的乡村振兴战略和近年来我国土地制度改革的趋向可以看出,农村承包地的所有权、承包权、经营权"三权分置"和宅基地的所有权、资格权、使用权"三权分置"给水利水电工程移民的安置方式创新提供了新的动力。

新移民条例第十三条规定:对农村移民安置进行规划,应当坚持以农业生产安置为主,遵循因地制宜、有利生产、方便生活、保护生态的原则,合理规划农村移民安置点;有条件的地方,可以结合小城镇建设进行。农村移民安置后,应当使移民拥有与移民安置区居民基本相当的土地等农业生产资料。

原来强调的是以农业生产安置为主,随着承包地的"三权分置",宅基地的"三权分置",以及明确维护进城落户农民土地承包权、宅基地使用权、集体收益分配权,引导进城落户农民依法自愿有偿转让上述权益。这就为

工程移民的城镇安置提供了更大的操作空间,农业移民城镇安置后可以通过流转承包地的经营权离开农业生产,在条件具备后,可以有偿转让土地承包权,彻底离开农业和农村,较之一开始就进行非农业安置的风险将大大降低。

14.3.3　坚持以移民为中心,做好政策衔接,积极开展社会稳定风险评估

长期以来,在移民补偿政策方面出现的移民问题主要有:一是补偿标准低;二是标准不统一,同一项目由于实施时间过长,前后标准不一、跨地区标准不一,不同项目标准不一;三是国家经济快速发展,各种惠民政策及时调整,而移民安置后出现的各种问题,移民往往通过多种渠道表达自己的诉求。

对此,一方面要坚持政策的解释与沟通;另一方面要通过其他方式进行补偿性质的补助,或者在影响不大、符合实际的情况下,坚持以移民为中心的发展思想,按照有利移民的原则,通过调整规划再次审批等渠道执行新的政策。

与此同时,一个重要的举措就是要落实好社会稳定风险评估工作。《中共中央关于全面深化改革若干重大问题的决定》(2013 年 11 月 12 日通过),强调健全重大决策社会稳定风险评估机制。社会稳定风险评估机制,是指系统应用风险评估的科学方法,全面评估待评事项可能引发的社会稳定风险,客观预估责任主体和管理部门对社会稳定风险的内部控制和外部合作能力,科学预测相关利益群体的容忍度和社会负面影响,提前预设风险防范和矛盾化解的措施,进而确定该待评事项的当前风险等级,并形成循环。当前,水利水电工程建设征地与移民安置工作蕴藏的社会稳定风险较大,应按照水利部印发的《重大水利建设项目社会稳定风险评估暂行办法》积极开展社会稳定风险评估工作。

14.3.4　规范移民规划设计与移民监督评估工作,改善合同关系

就规划设计工作而言,一是重视发挥移民规划设计单位的技术服务作用,切实增加移民规划设计的深度,提高规划设计的质量水平;二是建立规范的项目法人与规划设计单位的合同关系,规范移民规划设计单位按照规划设计合同为移民安置实施提供全程技术服务的机制,重要的是合同酬金

应与承担的工作量相匹配,防止出现设计单位提供服务而无法得到相应酬金的现象。

就监督评估工作而言,一是项目法人和省级移民管理机构应充分发挥移民监督评估单位的监督和评估作用,防止监督评估单位成为可有可无的机构,对移民实施机构丧失了监督作用;二是建立规范的监督评估合同关系,监督评估的合同款不能实行包干制,应有延长服务期限就应增加相应服务报酬的理念。

选好规划设计和监督评估单位是移民安置工作依法依规顺利进行的重要保障之一,应通过改善合同关系,进一步规范移民规划设计与移民监督评估工作。

14.3.5　推动移民安置实施的法治化水平,依法移民,防范腐败

水利水电工程移民政策正在逐步完善,并已走上科学化、法治化的轨道。地方政府是做好移民安置工作的工作主体、责任主体和实施主体,因此要做到:

一要推动移民工作的制度化、程序化。各项工作有明确的制度,有规范的程序,移民工作人员必须坚守,不得破坏。

二要推动移民工作的公开化、透明化。各项移民安置工作内容、标准等公开,特别是补偿标准公开、透明,结果要公示,以减少因政策执行不透明导致的猜疑,杜绝暗箱操作。

三要切实落实第三方监督机构的监督责任。当前的移民安置工作管理体制,本身就有通过移民监督评估单位进行第三方监督的体制安排。但实践中监督评估单位的监督力度因委托单位的重视程度不同,发挥的作用大小也不同。

14.3.6　重视档案整理,加强信息化建设

首先,移民档案工作的整理与移民工作的规范化、程序化等是紧密相关的,因此搞好档案整理,要着力推动移民工作的规范化,各项移民安置工作按照制度开展,形成规范的工作记录、工作凭证。

其次,加强移民安置工作的信息化建设,提高移民档案的信息化水平。深入推进移民工作信息化管理,建设移民安置信息管理系统、移民资金管理系统等信息化平台,强化业务协同,及时全面掌握移民工作动态,改进问题

分析手段和工作方法，实现数据资源整合，促进移民工作精细高效管理，实现移民档案的信息化管理。

14.3.7 健全工作机制，强化执行保障，提升验收工作的权威性

在健全工作机制方面，一是加强组织领导，做好协同配合。移民安置工作是一项综合性系统工程，涉及面广，参与部门多，县级人民政府要加强组织领导，组织协调县直相关部门、乡镇政府与移民代表等积极参与移民安置验收工作，既分工负责、各司其职，又相互配合，真正形成沟通顺畅、衔接紧密、运转高效、保障有力的工作机制，营造全力支持工程建设的良好氛围，保障移民安置验收工作顺利开展。二是引入社会监督，坚持阳光操作。引入社会监督机制是强化移民安置验收工作的公信力与权威性的有力举措。邀请相关管理部门、移民代表与媒体机构全过程参与移民安置验收工作，实现社会与公众对权力运行的制约和监督，让移民安置验收的过程与结论最终都能经得起移民群众和时间的检验。

在强化执行保障方面，一是明确责任划分，严格依法验收。各级移民管理部门与地方人民政府要明确职责划分，成立相应的验收组织，承担相应的责任，严格按照相关政策法规与技术标准对移民安置工作进行验收与评价，切实做到依法行政，确保对移民安置实施情况的验收与评价合法、客观、准确。二是抓好整改落实，确保安置效果。地方人民政府要切实做好移民安置验收报告中明确的问题整改要求的落实工作，严格按报告要求整改到位并及时将整改落实情况及相关图文资料报验收组织单位。验收组织单位要组织人员认真复核确认，确保移民安置实施效果，保障移民合法权益。三是开展执法检查，查处违规行为。有计划、有针对性地开展移民安置执法检查工作，重点对项目法人违规下闸蓄水、工程竣工拒不履行移民安置验收程序等违法行为进行检查，及时对违法违规问题进行通报处理；对重大违法违规行为，移交有关部门依法处理和追责。

14.3.8 加强移民安置政策研究

新时代，我国全面深化改革，国家在各个方面均进行了重大改革，要做好移民安置政策的衔接与创新，加强政策关联性、系统性、可行性研究。如深入研究移民与建设的关系，完善先移民后建设的管理办法，破解用地、融资、搬迁合法性等政策瓶颈；研究与城镇拆迁、交通铁路征迁等其他行业征

地在地面附着物补偿、被征地农民安置等政策的衔接并轨；研究逐年货币补偿安置方式等新型安置方式的适用条件、边界条件和实施办法；完善民族地区移民安置方式；加强移民安置验收政策的研究与完善；研究新《土地管理法》修订后对大中型水利水电工程移民安置工作的影响等。

第 15 章　实　例

由于移民工作本身的复杂性和各类矛盾问题交织的现状,导致移民安置竣工验收存在很多困难和问题。再加上验收过程烦琐,协调部门多,推动移民安置验收难度很大。但只要熟练掌握政策、准确理解政策、灵活运用政策,总能处理好移民安置验收工作中的实际问题。为给今后移民实施管理工作者提供借鉴和帮助,现以××水利枢纽工程竣工移民安置终验报告为例,希望能够起到抛砖引玉的作用。该项目移民安置终验报告格式和内容如下(有删减)。

15.1　终验报告样本

××水利枢纽工程竣工移民安置终验报告

××水利枢纽工程竣工移民安置终验委员会

××××年××月

移民安置验收主持单位：	××省(区)发展和改革委员会
项目法人：	××水利枢纽管理局
与项目法人签订移民安置协议的地方人民政府：	××市人民政府 ××市人民政府
移民安置实施单位：	××县人民政府 ××县人民政府 ××县人民政府 ××市人民政府 ××区人民政府 ××区人民政府
移民安置规划设计单位：	××公司
移民安置监督评估单位：	××公司
验收时间：	××××年××月××日至××月××日
验收地点：	××市××县(区)

前 言

受××省(区)人民政府委托,省(区)发展和改革委员会主持了××水利枢纽工程竣工移民安置终验工作。为切实做好该项工作,根据《水利部关于印发大中型水利水电工程移民安置验收管理暂行办法》(水移〔2012〕77号)和《水利水电工程移民安置验收规程(SL 682—2014)》(以下简称《验收规程》)等相关规定,省(区)发展改革委组织编制了《××水利枢纽工程竣工移民安置终验工作方案》,并报经省(区)人民政府同意。××××年××月××日省(区)发展改革委印发了《关于对××水利枢纽工程竣工移民安置进行终验工作的通知》(××发改移民字〔××〕××号),成立了××水利枢纽工程竣工移民安置终验委员会。

终验委员会主任委员由省(区)发展改革委××担任,副主任委员由××市人民政府、××市人民政府和××水利枢纽管理局等单位负责同志担任;委员单位包括省(区)发展改革委、水利厅、财政厅、自然资源厅、农业农村厅、档案局,××市人民政府、××市人民政府及其相关部门,相关县(区)人民政府及其有关部门,重大专项主管部门、项目法人、移民安置规划设计单位和移民安置监督评估单位。验收委员会下设农村移民安置、移民后期扶持和建设用地手续办理情况组,企事业和专项设施迁复建、防护工程建设和库底清理组,移民资金使用管理组和移民档案管理组共4个终验工作组,并明确了各验收工作组的组长、成员单位和工作职责。

依据验收规程和终验工作方案,4个终验工作组从××××年××月××日到××月××日,采取“看现场、查档案、验项目、访移民、综合评价”的方法,对初验成果进行抽样检查,经讨论形成了各终验小组验收意见。在4个终验工作组验收意见的基础上,形成了《××水利枢纽工程竣工移民安置终验报告》。

终验委员会于××××年××月××日召开移民安置终验大会,在观看移民安置情况声像资料,听取××市和××市移民安置实施工作和初验及问题整改情况报告,项目法人、规划设计单位、监督评估单位工作报告,4个终验工作组验收意见的基础上,对终验报告进行讨论、审核。终验委员会认为:4个终验工作组的工作开展符合验收规程和终验工作方案的要求,验收结论较为客观、公正;一致同意通过××水利枢纽工程竣工移民安置终验报告;综合评定移民安置终验等级为合格。

目　录

1 概　况

1.1 工程基本情况

××水利枢纽工程是国务院于××年批复的流域防洪规划中确定的干流梯级工程之一,是××河段防洪体系的重要组成部分,是××河××段唯一一座调节控制性综合枢纽工程,是××××年国家发展和改革委员会公布的西部大开发新开工××项重点工程之一,是国家实施西部大开发战略和××省(区)××发展规划的重点建设项目,做好工程建设和移民安置工作意义重大。

××水利枢纽工程位于××省(区)境内,在××河干流××与××之间,左岸为××市,右岸为××市。该工程规模属于大(2)型Ⅱ等工程,具有防洪、防凌、发电等综合效益。

1.2 征地移民基本情况

××××年××月××日,水利部以水总〔××〕××号文《关于××水利枢纽工程初步设计报告的批复》批复初步设计;××××年××月,规划设计单位××公司编制完成了《××水利枢纽工程建设征地移民安置规划设计调整报告》(简称《移民规划调整报告》)。

依据《移民规划调整报告》,××水利枢纽工程淹没影响涉及××个市的××个县(区)××个乡镇××个行政村,设计水平年为××户××人;需要征收土地面积××万亩,拆迁各类房屋面积××万 m^2。规划总概算投资××万元。××水利枢纽工程淹没范围见图(略)。

1.3 移民工作开展情况

(1)管理体制。

××水利枢纽工程移民安置工作实行"政府领导、分级负责、县为基础、项目法人参与"的管理体制。××水利枢纽工程建设管理局分别与××市、××市所属的××个县(区)(××县、××县、××县、××区、××区,下同)人民政府签订了××水利枢纽工程建设征地和移民安置投资包干合同书(协议书)。

移民安置实行设计代表制和监督评估制。规划设计工作由××公司承担;监督评估工作由××公司承担。

(2)实施过程。

为保证××水利枢纽工程征地和移民安置工作顺利进行,从省(区)、市到各县(区)均成立了移民管理机构。

××××年,省(区)成立××水利枢纽工程建设领导小组,全面领导工程建设和移民安置工作。××市和××市委、市政府高度重视，分别成立了领导组织。××市××个县和××市××个区均成立了××水利枢纽工程建设领导小组或协调小组，负责移民安置工作的领导与协调，设立了专门的移民安置实施机构，具体负责移民安置实施管理工作。

各级政府高度重视并不断加强对移民工作的领导，形成了机构健全、职责明确、管理规范的工作机制，各有关部门在移民搬迁安置实施过程中不断强化管理，按要求完成了各项工作。

各县（区）通过各种形式对征地和移民安置政策进行解释和宣传报道，不断提高群众的思想认识，使广大群众积极支持移民搬迁工作。按时发布张贴相关公告通知，工作程序公开透明。

2　验收范围、依据、组织、内容、程序和方法

2.1　验收范围

××水利枢纽工程影响区、工程建设区、移民安置区涉及的乡镇、行政村及相应的移民安置项目。

2.2　验收依据

（1）国家颁布的有关法律、法规、规章、政策和标准。

①《中华人民共和国土地管理法》（主席令第28号）；

②《中华人民共和国土地管理法实施条例》（国务院令第256号）；

③《大中型水利水电工程建设征地补偿和移民安置条例》（国务院令第471号和第679号）；

④《大中型水利水电工程移民安置验收管理暂行办法》（水移〔2012〕77号）；

⑤《水利水电工程移民安置验收规程》（SL 682—2014）；

⑥《水利水电工程移民档案管理办法》（档发〔2012〕4号）等。

（2）经批准的移民安置规划大纲、工程初步设计报告中的移民安置规划、移民安置实施设计文件及移民安置实施调整方案。

①《国家发展改革委关于××水利枢纽工程项目建议书的批复》（发改农经〔××〕××号）；

②《国家发展改革委关于××水利枢纽工程可行性研究报告的批复》（发改农经〔××〕××号）；

③《关于××水利枢纽工程初步设计报告的批复》（水总〔××〕××号）；

④《××水利枢纽工程建设征地移民安置规划设计调整报告》等。

(3)项目法人与地方人民政府签订的移民安置包干协议。

①××水利枢纽管理局与××市签订的《××水利枢纽工程建设征地和移民安置投资包干合同书》;

②××水利枢纽管理局分别与××市××县、××县、××县和××市××区、××区人民政府签订的《××水利枢纽工程建设征地和移民安置投资包干协议书》。

(4)其他移民安置相关文件。

①两市五县(区)移民安置实施相关文件;

②移民安置实施调整方案;

③移民后期扶持政策相关文件等。

2.3　验收组织

受××省(区)人民政府委托,省(区)发展和改革委员会主持××水利枢纽工程竣工移民安置终验工作。为切实做好××水利枢纽工程竣工移民安置终验工作,省(区)发展和改革委员会××××年××月××日印发了《关于对××水利枢纽工程竣工移民安置进行终验工作的通知》(××发改移民字〔××〕××号),成立了××水利枢纽工程竣工移民安置终验委员会。

终验委员会主任委员由省(区)发展改革委分管领导担任,副主任委员由××市人民政府、××市人民政府和××水利枢纽管理局等单位负责同志担任;委员单位包括省(区)发展改革委、水利厅、财政厅、自然资源厅、农业农村厅、档案局,××市人民政府、××市人民政府及其相关部门,相关县(区)人民政府及其有关部门,重大专项主管部门、项目法人、移民安置规划设计单位和移民安置监督评估单位。验收委员会下设农村移民安置、移民后期扶持和建设用地手续办理情况组,企事业和专项设施迁复建、防护工程建设和库底清理组,移民资金使用管理组和移民档案管理组共 4 个终验工作组,并明确了各验收工作组的组长、成员单位和工作职责。

2.4　验收内容

农村移民安置、企事业迁建处理、专项设施迁复建、防护工程建设、水库库底清理、移民资金使用管理、移民档案管理、水库移民后期扶持政策落实情况、建设用地手续办理等。

2.5　验收程序和方法

(1)各验收工作组采取"看现场、查档案、验项目、访移民、综合评价"的方法,在初验成果的基础上抽样检查,形成小组验收意见。抽样采取随机抽样和偏好抽样两种方式，抽样比例执行《水利水电工程移民安置验收规程》(SL 682—2014)规定。

(2)根据各小组验收意见，组织编制移民安置终验报告。

(3)召开终验大会，讨论通过移民安置终验报告。

3　移民安置规划实施

3.1　农村移民安置

3.1.1　农村移民搬迁安置情况

依据移民规划调整报告，××水利枢纽工程移民搬迁安置××户××人，其中××市××户××人，××市××户××人。采取3种安置方式，其中社区安置××户××人，分散安置××户××人，就近后靠安置××户××人。

××市××个县和××市××个区完成移民搬迁安置××户××人，其中：××市××户××人，××市××户××人。采取3种安置方式，其中社区安置××户××人，分散安置××户××人，就近后靠安置××户××人。见实例表15-1。

移民安置共涉及××个集中安置点，其中××个社区安置点，××个后靠集中安置点。××市涉及××个社区安置点，分别为××县××、××和××安置小区，××县××和××安置小区，××县××安置小区。××市涉及××个安置点，分别为××区××就近后靠安置点和××区××社区安置点。

移民住房已落实，安置点基础设施和公共服务设施建设配套完善，供排水、供电、道路和其他设施工程按期交付使用，满足了移民安置生产、生活需要。

移民搬迁后居住条件得到很大提升；小区水、电、路、信、暖基础设施完善，学校校舍和医疗卫生环境改善，社区建设丰富了文化生活，移民生活条件较搬迁前明显提高。

××市和××市××个移民集中安置点均通过了地质灾害危险性评估。

3.1.2　农村移民生产安置情况

××水利枢纽工程规划移民生产安置××人，其中农业安置××人，第二、三产业安置××人，其他安置××人。

××市和××市共完成移民生产安置××人。其中：

(1)××市完成移民生产安置人口××人，其中农业安置××人，第二、三产业安置××人，其他安置××人。

(2)××市完成移民生产安置人口××人，其中农业安置××人，第二、三产业安置××人。见实例表15-2。

实例表 15-1 ××水利枢纽工程农村移民搬迁安置情况

序号	行政区域	规划								实施								说明
		合计		社区安置		分散安置		就近后靠安置		合计		社区安置		分散安置		就近后靠安置		
		户数（户）	人数（人）	户数（户）	人数（人）	户数（户）	人数（人）	户数（户）	人数（人）	户数（户）	人数（人）	户数（户）	人数（人）	户数（户）	人数（人）	户数（户）	人数（人）	
合计																		
一	××市小计																	
(1)	××县																	
(2)	××县																	
(3)	××县																	
二	××市小计																	
(1)	××区																	
(2)	××区																	

实例表 15-2　××水利枢纽工程农村移民生产安置情况

序号	行政区域	规划				实施				说明
		合计（人）	农业安置（人）	第二、三产业安置（人）	其他安置（人）	合计（人）	农业安置（人）	第二、三产业安置（人）	其他安置（人）	
	合计									
一	××市小计									
(1)	××县									
(2)	××县									
(3)	××县									
二	××市小计									
(1)	××区									
(2)	××区									

3.1.3　移民个人补偿费兑付情况

移民个人补偿费主要包括房屋及附属物补偿费、临时安置费、搬迁费、奖励费等。

××市和××市累计兑付个人补偿费××万元，占规划的××%，其中××市兑付××万元，××市兑付××万元。各县（区）移民管理部门把个人补偿费直接兑付到移民个人，程序明确，手续完整，见实例表 15-3。

实例表 15-3　移民个人补偿费兑付情况

序号	行政区域	规划（万元）	实施（万元）	说明
	合计			
一	××市小计			
(1)	××县			
(2)	××县			
(3)	××县			
二	××市小计			
(1)	××区			
(2)	××区			

3.1.4　集体财产补偿费兑付情况

移民安置集体财产补偿费主要包括房屋及附属物补偿费、土地补偿费和安置补助费等。

××市和××市累计兑付集体财产补偿费××万元，占规划的××%，集体财产补偿费已全部兑付到村组，其中××市兑付××万元，××市兑付××万元。见实例表 15-4。

3.2　××办事处迁复建及处理情况

××水利枢纽工程淹没涉及××办事处××家行政事业单位和工商企业，规划将办事处行政单位搬迁至××社区，对事业单位及工商企业作一次性补偿处理，规划投资××万元。

实例表 15-4　移民集体财产补偿费兑付情况

序号	行政区域	规划（万元）	实施（万元）	说明
合计				
一	××市小计			
(1)	××县			
(2)	××县			
(3)	××县			
二	××市小计			
(1)	××区			
(2)	××区			

××办事处迁建由××市××区负责实施，××家行政事业单位由原主管单位负责安置，××家工商企业作一次性补偿处理。经第三方评估，共完成投资××万元。

3.3　工业企业迁建或者处理

××水利枢纽工程工业企业迁复建及处理涉及××家，规划投资××万元。其中××市企业××家，分别为××公司、××公司和××公司，规划投资××万元；××市企业××家，分别为××和××公司，规划投资××万元。

在实施时，工业企业迁复建均采取补偿后由企业自行迁建处理方式，经第三方评估，共完成企业补偿××万元。具体实施情况为：

(1)××市完成工业企业迁建处理××家,完成投资××万元。××市××公司在迁建前已经破产倒闭,其职工已经纳入××区社会保障及政府公益性岗位安置,不需再进行补偿。

(2)××市已完成××家企业一次性补偿,其中××已将迁建补偿费××万元拨付到××公司;××已将迁建补偿费××万元拨付到××公司。职工安置措施已落实。

3.4 专项设施迁建或者复建

××水利枢纽工程专业项目处理涉及交通、输变电、电信、广播电视设施和库周水利设施及镇外企事业单位处理等专业项目。规划投资××万元,其中××市××万元,××市××万元。

交通、输变电、电信、广播电视设施和库周水利设施等由相关主管部门负责复建或处理,共计完成投资××万元,其中××市完成投资××万元,××市完成投资××万元。

(1)××市。

①交通设施迁建或复建情况:国道××线及××河大桥已完成并投入使用,完成××线改建投资××万元,完成坝区库周道路恢复工程投资××万元。

②输变电设施迁建或复建情况:拆除××处35kV变电站××座,35kV及以上输电线路××条,拆除照明灯塔××座。完成投资××万元。

③通信广电设施迁建或复建情况:完成中国联通、中国铁通、中国电信、中国移动和广电部门各类通信线路××km和通信基站××处的迁建或者补偿。完成投资××万元。

④水利设施迁建或复建情况:拆迁××处扬水站××座,水源井××眼,××河防洪堤××km,完成投资××万元。

⑤镇外企事业单位处理情况:完成镇外企事业单位处理××家,完成投资××万元。

(2)××市。

完成投资××万元,其中××广播电视设施完成补偿××万元;××泵站拆除费××万元,恢复建设费××万元,目前竣工待验。

3.5 防护工程建设

××水利枢纽工程防护工程包括××市库区塌岸防护、浸没区防护处理和××市工程防护,规划投资××万元,其中××市××万元,××市××万元。

(1)××市防护工程建设共计完成投资××万元,属于××湖右岸岸线综合整治Ⅰ期工程，共计××km。已按规定通过验收，运行管理责任主体和运行管理费已落实。

(2)××市结合湿地公园项目建设，对防护工程进行提标升级建设，投资已拨付到××区。目前正在建设中，预计××××年建设完成。

3.6 水库库底清理

根据主体工程建设进度需要和库底清理技术要求，××××年××市××县、××县、××县和××市××区、××区对××m 以下库区进行库底清理并组织了验收。××m 以上的库底清理于××××年完成，资金已经由各县(区)支付到实施单位。

3.7 移民安置实施效果评价

各市和县(区)认真贯彻执行开发性移民方针，采取前期补偿、补助与后期扶持相结合的办法，正确处理国家、集体和个人之间的利益，尊重移民意愿，求真务实，克服困难，扎实工作，较好地完成了征地补偿和移民安置工作，有力地保障了××水利枢纽工程建设。

(1)生活安置效果评价。

①移民住房条件明显改善。移民搬迁前的住房多为砖木或土木结构平房。移民集中安置点采取统一规划、设计和统一建设，楼房布局合理，移民对楼房进行了装修，采光、通风、保暖、美观、安全性和舒适性都有了显著提高，移民住房条件得到明显改善。

②移民安置点基础设施及公共设施配套比较完善，移民生活质量明显提高。移民安置点采取集中供水方式，家家户户通上了自来水，满足了移民日常生活需求；安置点内的道路全部硬化，排水系统布置合理；居民用电保证率和安全性更高；对外连接路与交通干线相连，使移民出行更加通畅、快捷；各安置点都接入了有线电视，安置区移动通信信号全覆盖；移民安置点建有卫生所和超市，日常生活购物更加方便；社区文化大院的建设丰富了移民的业余文化生活，移民安置点基础设施及公共服务设施配套远超过搬迁前的水平，移民生活质量明显提高。

(2)生产安置效果评价。

从根本上改变了移民搬迁户生活模式和生产方式。自搬迁至新村后，移民由过去在村里分散居住变为集中居住，安置点的建设标准向城镇化迈进，这使移民由过去单纯依靠耕地生存向务工、发展第二、三产业转变。

××县移民生产安置采用第二、三产业安置方式(包括企业就业安置、公益岗位安置和供养人口安置)和其他安置方式(包括社保安置、自主创业安置和供养人口安置)。为保障移民的就业和生活,××区一是由区就业部门组织开展不同形式的就业培训;二是与××职业技术学院等院校签订培训协议,积极开展委托培训和定向培训,为企业提供面对面的劳动力供给服务;三是积极开发公益性岗位,由政府购买社区巡逻、保洁保绿、社区活动室管理等技术要求相对较低的工作岗位,优先用于安置移民就业。

××县把安置移民就业当做提高移民生活水平的着力点,开辟了多方面绿色通道,切实做好移民就业工作,主要体现在:通过争取项目促进移民就业,通过农业创业园项目解决××人就业;加大移民培训和推荐力度促进移民就业;加大对移民在创业方面的指导和扶持促进移民就业;在库区旅游业方面安置移民就业,鼓励库区移民在统一规划管理下,依托××湖(××河××水库),发展个体餐饮、旅游业;发展"飞地农业"解决移民就业,帮助移民牵线搭桥,租种土地,发展种养殖业,实现异地置业安置;开发公益性岗位安置移民就业,积极开发库区园林绿化、养护等公益性岗位,安置"4050"人员就业,并对公益性岗位实行动态管理,经公益性岗位缓冲后,推荐到收入更高的岗位就业;实行"推荐就业二次终结制"促进移民就业,定期通过短信向移民发布有关就业信息,让库区移民及时掌握企业用工需求,选择适合自己的岗位。

××县采取多种措施,促进移民就业,主要体现在:农业创业园项目解决××人就业;加大移民培训和推荐力度促进移民就业;加大对移民在创业方面的指导和扶持促进移民就业;开发公益性岗位安置移民就业,积极开发库区园林绿化、养护等公益性岗位,安置"4050"人员就业。

××区生产安置方案经调整后正在逐步落实,已落实置换的××亩土地,为××产业开发打下坚实基础,移民生产资料、移民生产条件得到拓展和改善。

××区在全面推行城乡一体化建设进程中,依托第二、三产业发展,为水库移民提供充足的就业岗位,并针对移民出台专门的政策帮助移民就业,同时引导水库移民围绕工业发展服务业,在养老、医疗、教育等方面进行帮扶,为水库移民稳定发展奠定了坚实的基础。

移民安置监督评估单位抽样调查表明,××水利枢纽工程移民搬迁后收入水平已经超过搬迁前收入水平,移民生产生活条件得到较大改善,基本实现了"搬得出、稳得住、能致富"的安置目标。

4　移民资金使用管理

4.1　移民投资概算批复情况

根据移民规划调整报告,××水利枢纽工程征地补偿和移民安置概算调整总投资××万元。按照行政区域划分:××市投资××万元,××市投资××万元。

按照项目组成划分:农村移民补偿费××万元,办事处补偿费××万元,工业企业迁建补偿费××万元,专项设施恢复改建补偿费××万元,防护工程费××万元,库底清理费××万元,其他费用××万元,基本预备费××万元,协议及地方补助费××万元,有关税费××万元。

4.2　移民资金拨付和使用情况

××水利枢纽工程用于移民拆迁的到位资金共计××万元,其中××市财政拨付移民资金××万元,××市财政拨付移民资金××万元。

××水利枢纽工程移民安置共完成投资××万元。其中××市完成投资××万元,××市完成投资××万元。

按照项目组成划分,农村移民安置费××万元,企事业单位拆迁费××万元,专项设施恢复改建补偿费××万元,防护工程费××万元,库底清理费××万元,有关税费××万元,其他费用××万元,实施管理费××万元。

××市和××市执行省(区)人民政府办公厅《关于公布实施省(区)征地统一年产值标准和征地区片综合地价的通知》(××政办发〔××〕××号)公布的标准。

××××年规划设计单位对移民安置规划进行了调整,采纳了《关于公布实施省(区)征地统一年产值标准和征地区片综合地价的通知》(××政办发〔××〕××号)公布的标准。

4.3　移民资金财务管理情况

为加强移民资金财务管理工作,××市和××市按照《水利基本建设项目竣工财务决算编制规程》等法律法规和有关文件要求,规范移民资金管理工作,移民资金实行专户管理、专账核算、专款专用,制定了相关管理制度,并得到较好的执行。

在使用移民资金过程中,严格按照年度计划和批准的资金项目进行资金使用管理,通过严把拨出关、存款关、结算关,保证了移民资金管理工作责任的落实。在资金运转方面,按移民资金使用用途,按科目下账,年终编制年度报告。各移民乡镇和涉及移民的各专项单位,按照相关文件要求进行管理,并定期接受监督检查。

4.4　移民资金竣工决算情况

××市和××市各县(区)均已完成了××水利枢纽工程建设征地和移民安置资金财务决算报告编制工作。

××水利枢纽工程征地补偿和移民安置项目决算资金××万元。××市决算××万元,其中:××县××万元,××县××万元,××县××万元,××市属××万元。××市决算××万元,其中,××区××万元,××区××万元。

4.5　稽察审计及整改落实情况

××××年××市审计局对××水利枢纽管理局移民安置资金进行了专门审计。

××市审计局于××××年、××市审计局于××××年分别对本县(区)移民安置资金进行了审计。

××水利枢纽管理局和各县(区)对审计提出的问题进行了整改。

5　移民档案管理

××市和××市各县(区)严格贯彻执行上级有关规定,加强移民档案管理,不断提升档案工作整体水平,圆满完成了移民安置档案的收集、整理分类、归档工作。

5.1　移民档案管理制度及执行情况

××市三个县和××市两个区重视移民档案工作,成立了移民安置档案管理组织,配备了档案管理人员。建立了档案管理制度,为档案管理工作提供了有力的制度保障。

为加强××水利枢纽工程库区移民档案工作,规范移民档案管理,充分发挥移民档案的作用,××市档案史志局和××水利枢纽管理局共同制定了《××水利枢纽工程库区移民档案实施细则》(××〔××〕××号),各县区按照实施细则要求,较好地完成了移民安置档案的收集、分类、组卷、归档、保管及利用等工作;建立了案卷级、文件级检索目录,满足了日常档案查询需要。

5.2　移民档案资料收集、整理和归档情况

截至××××年××月,××市、××市和项目法人共整理、归档建设征地及移民安置各类档案××卷(册、盘),其中,××市××卷、××市××卷、枢纽管理局××卷。具体为:

(1)××市××县移民管理机构共整理、归档建设征地和移民安置档案××卷(册、盘),其中农村移民安置档案××卷,企事业单位迁建档案××卷,专业项目复建档案××卷,库底清理档案××卷,移民综合档案××卷(包括文书档案××卷、会计档案××卷,声像档案××册/盘)。

(2)××市××区移民管理机构共整理、归档建设征地和移民安置档案××卷(册、盘),其中农村移民安置档案××卷,库底清理档案××卷,移民综合档案××卷(包括文书档案××卷、会计档案××卷,声像档案××册/盘)。

(3)项目法人共整理、归档建设征地和移民安置档案××卷,全部为移民综合档案。

5.3　移民档案资料合规性情况

××市、××市和项目法人依照档案管理办法有关规定整理各项资料,移民档案基本达到了分类科学,排列有序,装订整齐,符合档案整理的要求;保存地点和装具、设备符合档案保管要求;移民档案真实完整,准确系统地记录和反映了××水利枢纽工程建设征地及移民安置过程,为移民安置工作提供了信证,为维护国家集体和移民个人合法权益提供了依据。

6　移民后期扶持政策落实情况

省(区)发展和改革委员会核定××水利枢纽工程移民后期扶持人口××人,其中,××市移民人口××人,××市移民人口××人。见实例表 15-5。

实例表 15-5　××水利枢纽工程移民人口核定情况

序号	行政区域	年度(年)	移民人口核定			说明
			小计(人)	搬迁安置人口(人)	生产安置人口(人)	
合计						
一	××市小计					
(1)	××县					
(2)	××县					
(3)	××县					
二	××市小计					
(1)	××区					
(2)	××区					

截至××××年××月××日，省(区)累计下达××市和××市各类移民后期扶持资金××万元，累计完成移民后期扶持资金××万元，包括直补资金××万元和项目资金××万元，实施后期扶持项目××个，见实例表15-6。

此外，按照国家十四部委文件精神，××市和××市财政、农业、水利、交通等部门综合帮扶资金覆盖面广，为库区和移民安置区生产发展注入活力，大中型水库移民后期扶持政策已得到落实。

实例表15-6　××水利枢纽工程移民后期扶持资金兑现情况

序号	行政区域	省(区)下达				实施				说明
		小计(万元)	直补资金(万元)	项目		小计(万元)	直补资金(万元)	项目		
				项目资金(万元)	数量(个)			项目资金(万元)	数量(个)	
合计										
一	××市小计									
(1)	××县									
(2)	××县									
(3)	××县									
二	××市小计									
(1)	××区									
(2)	××区									

7　征地手续办理情况

根据《中华人民共和国土地管理法》和《大中型水利水电工程建设征地补偿和移民安置条例》等规定，工程建设区和水库淹没区建设用地手续应由项目法人按规定办理，移民安置区建设用地手续应由移民区、移民安置区地方人民政府或者其移民管理机构按规定组织办理。

目前，××水利枢纽工程建设区和淹没区征地手续已经部分办理。××××年××月，自然资源部以国土资函〔××〕××号批复××水利枢纽工程项目坝址及管理区建设用地×× hm^2。国家林业局分两次共批复××水利工程征用林地×× hm^2。其中：××××年××月，以林资许准〔××〕××号文批复坝区征用林地×× hm^2；××××年××月，以林资许准〔××〕××号文批复库区征收林地××

hm^2。

××市××县、××县、××县和××市××区已办理安置点移民房屋产权证，××市××区正在办理。

8　历次验收提出问题的整改落实情况

略。

9　验收结论

9.1　各类别验收已达到的标准和评定的等级情况

各验收小组按照验收规程规定的验收方法，对初验成果进行了抽样检查，抽样比例符合规程要求，抽查结果表明各类别初验成果客观真实，终验结论如下。

(1)农村移民安置。

①已达到的标准：移民全部完成搬迁；住房建设已经完成；安置点基础设施和公共服务设施建设已按批准的移民安置规划建设完成；移民生产安置措施已落实，生产开发措施正在有序实施；移民个人补偿费已全部兑付到户，土地补偿补助费和村集体财产补偿费已全部兑付村组；移民集中安置点已通过地质灾害危险性评估。

②评定的等级：合格。

(2)××办事处迁复建及处理。

①已达到的标准：行政及企事业单位全部完成迁建处理，补偿费全部兑付到位。

②评定的等级：合格。

(3)企事业单位迁建或者处理。

①已达到的标准：企事业单位全部完成搬迁或者处理；企事业单位补偿资金已全部兑付到位；职工安置措施已按规定落实。

②评定的等级：合格。

(4)专项设施迁建或者复建。

①已达到的标准：专项设施迁建或者复建已按批准的移民安置规划完成，并通过行业主管部门验收；专项设施已恢复原有功能；改复建项目和补偿

项目资金已全部兑付到位；专项设施迁建或者复建工程已按规定完成移交。

②评定的等级：合格。

(5)防护工程建设。

①已达到的标准：××市防护工程已按规定通过验收，运行管理责任主体和运行管理费已落实；××市防护工程结合湿地公园项目，提标升级建设，投资已拨付。

②评定的等级：合格。

(6)水库库底清理。

①已达到的标准：库底清理工作已按批准的移民安置规划完成；卫生清理、有毒有害固体废弃物等清理通过主管部门验收；水库库底清理资金已全部到位，并按规定支付给有关单位和个人。

②评定的等级：合格。

(7)移民资金使用与管理。

①已达到的标准：移民资金已拨付到位；批准的补偿标准和投资概算得到较好执行；移民资金管理制度健全，并得到较好执行；移民资金财务决算已编制完成，资金使用管理情况已通过政府审计；移民资金审计、稽察和阶段性验收提出的问题已整改。

②评定的等级：合格。

(8)移民档案管理。

①已达到的标准：移民档案管理制度健全，并得到认真执行；移民档案资料已按有关规定收集、整理、归档；移民档案资料真实、完整、准确、系统。

②评定的等级：合格。

(9)水库移民后期扶持政策落实情况。

①已达到的标准：水库移民后期扶持人口已按规定完成核定登记工作；水库移民后期扶持资金已开始兑现。

②评定的等级：合格。

(10)建设用地手续办理情况。

根据验收规程规定：移民安置区建设用地手续办理不作为验收评定合格的必要条件。

9.2　整体验收已达到的标准和综合评定的等级情况

验收委员会在全面审核××个验收小组验收意见的基础上，经过全体委

员充分讨论,一致认为××水利枢纽工程建设征地补偿和移民安置工作已经达到了验收规程规定的条件:

(1)移民已完成搬迁安置,移民安置区基础设施和公共服务设施建设已完成,农村移民生产安置措施已落实。

(2)专项设施迁建或者复建已完成并通过主管部门验收。

(3)征地工作已完成。

(4)已发现的地质灾害隐患得到妥善处理。

(5)水库库底清理工作已经完成。

(6)征地补偿和移民安置资金已按规定兑付完毕。

(7)移民资金财务决算编制已完成,资金使用管理情况已通过政府审计。

(8)移民资金审计、稽察和工程阶段性移民安置验收提出的主要问题已基本解决。

(9)移民档案的收集、整理和归档工作已完成,并满足完整、准确和系统性的要求。

综上,移民安置终验委员会同意××个验收小组的验收评定结论,同意通过××水利枢纽工程竣工移民安置终验,综合评定等级为合格。

10 保留意见(应由本人签字)

验收委员会主任委员和副主任委员在发表同意通过验收并声明无保留意见后,又分别征求委员会每位成员的意见及是否有保留意见,全体成员均表示同意通过验收并声明无保留意见。

11 验收委员会成员签字表

略。

附　件

附件 1　各分类验收工作组验收意见

附件 1-1　农村移民安置、移民后期扶持和建设用地手续办理情况组验收意见

××水利枢纽工程竣工移民安置终验
农村移民安置、移民后期扶持和建设用地手续
办理情况组验收意见

终验委员会:

农村移民安置、移民后期扶持和建设用地手续办理情况组由××省(区)××牵头,成员由省(区)发展改革委、省(区)移民办、水利厅、自然资源厅、农业农村厅等相关厅局、××水利枢纽管理局、规划设计单位××公司、监督评估单位××公司代表组成。根据验收规程和终验工作方案要求,终验工作组于××××年××月××日至××月××日,通过查阅资料、座谈、走访移民群众、填写和审核验收表格等方式,对××市和××市移民安置情况进行了抽样检查验收。现将验收情况报告如下。

一、农村移民搬迁安置情况

依据移民规划调整报告,××水利枢纽工程移民搬迁安置××户××人,其中××市××户××人,××市××户××人。采取××种安置方式,其中社区安置××户××人,分散安置××户××人,就近后靠安置××户××人。

××市××个县和××市××个区完成移民搬迁安置××户××人,其中××市××户××人,××市××户××人。采取××种安置方式,其中社区安置××户××人,分散安置××户××人,就近后靠安置××户××人。

移民安置共涉及××个集中安置点,其中××个社区安置点,××个后靠集中安置点。××市涉及××个社区安置点,分别为××县××、××和××安置小区,××县××安置小区,××县××安置小区。××市涉及××个安置点,分别为××区××后靠集中安置点和××区××社区安置点。

移民住房已落实,安置点基础设施和公共服务设施建设配套完善,供排水、供电、道路和其他设施工程按期交付使用,满足了移民安置生产、生活需要。

移民搬迁后居住条件得到很大提升,小区水、电、路、信、暖基础设施完

善，学校校舍和医疗卫生环境改善，社区建设丰富了文化生活，移民生活条件较搬迁前明显提高。

二、农村移民生产安置情况

××水利枢纽工程规划移民生产安置××人，其中农业安置××人，第二、三产业安置××人，其他安置××人。

××市和××市共完成移民生产安置××人。其中：

(1)××市完成移民生产安置人口××人，其中农业安置××人，第二、三产业安置××人，其他安置××人。

(2)××市完成移民生产安置人口××人，其中农业安置××人，第二、三产业安置××人。

三、移民个人补偿费兑付情况

移民个人补偿费主要包括房屋及附属物补偿费、临时安置费、搬迁费、奖励费等。

××市和××市累计兑付个人补偿费××万元，占规划的××%，其中××市兑付××万元，××市兑付××万元。各县(区)移民管理部门把个人补偿费直接兑付到移民个人，程序明确，手续完整。

四、集体财产补偿费兑付情况

移民安置集体财产补偿费主要包括房屋及附属物补偿费、土地补偿费和安置补助费、临时安置费、搬迁费、奖励费等。

××市和××市累计兑付土地补偿补助费和集体财产补偿费××万元，占规划的××%，土地补偿补助费和集体财产补偿费已全部兑付到村组，其中××市兑付××万元，××市兑付××万元。

五、移民安置点地质灾害危险性评估等情况

××市和××市××个移民安置点均通过了地质灾害危险性评估。

六、水库移民后期扶持政策落实情况

省(区)发展和改革委员会核定××水利枢纽工程移民后期扶持人口××人，其中：××市移民人口××人，××市移民人口××人。

截至××××年××月××日，省(区)累计下达××市和××市各类移民后期扶持资金××万元，累计完成移民后期扶持资金××万元，包括直补资金××万元和项目资金××万元,实施后期扶持项目××个。

此外,按照国家十四部委文件精神,××市和××市财政、农业、水利、交通等部门综合帮扶资金覆盖面广,为库区和移民安置区生产发展注入活力,大中型水库移民后期扶持政策已得到落实。

七、征地手续办理情况

××水利枢纽工程建设区和淹没区征地手续已部分办理。自然资源部以国土资函〔××〕××号批复××水利枢纽工程项目坝址及管理区建设用地×× hm^2。国家林业局以林资许准〔××〕××号和林资许准〔××〕××号分两次共批复××水利枢纽工程征用林地×× hm^2。

××市××县、××县、××县和××市××区已办理安置点移民房屋产权证,××市××区正在办理。

八、抽样检查情况

验收组对××市××个移民集中安置点和××市××个安置点进行了全部抽查;共抽样检查××户,抽查比例××,其中初验抽查户××户,占××;新抽查户××户,占××。终验抽查与初验抽查的移民户重叠率是××,未超过××的重叠率,符合验收规程规定的比例要求。同时,验收组对移民后扶人口核定和后扶资金兑现落实情况进行了现场检查。

抽样检查结果表明:××市和××市农村移民安置和后期扶持政策落实情况初验成果客观、真实,符合验收规程规定。

九、验收结论

经验收组检查,××水利枢纽工程农村移民安置和后期扶持政策落实情况达到下列标准:移民全部完成搬迁;住房建设已经完成;安置点基础设施和公共服务设施建设已经完成;移民生产安置措施已落实,生产开发措施正在有序实施;移民个人补偿费已经全部兑付到户;集体财产补偿费已经全部兑付到村组;移民安置点已通过地质灾害危险性评估;水库移民后期扶持政策已经得到落实。

经验收组成员讨论,同意通过××水利枢纽工程竣工移民安置终验农村移民安置、移民后期扶持和建设用地手续办理情况验收,评定等级为合格。

××水利枢纽工程竣工移民安置终验

农村移民安置、移民后期扶持和建设用地手续办理情况组

××××年××月××日

××水利枢纽工程竣工移民安置终验
农村移民安置、移民后期扶持和建设用地手续
办理情况组签字表

略。

××水利枢纽工程竣工移民安置终验
农村移民安置、移民后期扶持和建设用地手续
办理情况评定表

略。

附件1-2 企事业和专项设施迁复建、防护工程建设和库底清理组验收意见

××水利枢纽工程竣工移民安置终验
企事业和专项设施迁复建、防护工程建设和库底清理组
验收意见

终验委员会：

企事业和专项设施迁复建、防护工程建设和库底清理组由××省(区)水利厅牵头,成员由省(区)水利厅、省(区)移民办、企事业或专业项目主管部门及相关单位代表组成。根据验收规程和终验工作方案,验收组于××××年××月××日至××月××日,通过查阅资料、座谈、走访移民群众、填写和审核初验表格等方式,对××水利枢纽工程××市和××市企事业和专项设施迁复建、防护工程建设和库底清理情况进行了抽样检查验收,现将验收情况报告如下。

一、××办事处迁复建及处理情况

××水利枢纽工程淹没区涉及××办事处××家行政事业单位和工商企业,规划对办事处行政单位搬迁至××社区、对事业单位及工商企业作一次性补偿处理,规划投资××万元。

××办事处迁建由××市××区负责实施,××家行政及企事业单位由原主管单位负责安置。经评估后作一次性补偿处理,完成投资××万元,已全部

兑付到位。

二、工业企业迁复建及处理情况

××水利枢纽工程工业企业迁复建及处理涉及××家，规划投资××万元。其中××市企业××家，分别为××公司、××公司、××公司和××市××公司，规划投资××万元；××市企业××家，分别为××公司、××公司，规划投资××万元。

在实施时，工业企业迁复建均采取补偿后由企业自行迁建处理方式，经第三方评估，按照评估协议共完成企业补偿××万元。具体实施情况为：××市完成工业企业迁建处理××家，完成投资××万元，××市××公司在迁建前已经破产倒闭，其职工已经纳入××区社会保障及政府公益性岗位安置，不需再进行补偿。××市已完成××家企业一次性补偿，其中××已将迁建补偿费××万元拨付到××公司；××已将迁建补偿费××万元拨付到××公司。职工安置措施已落实。

三、专项设施迁复建及处理情况

××水利枢纽工程专项设施迁复建及处理涉及交通、输变电、电信、广播电视设施和库周水利设施及镇外企事业单位等项目。规划投资××万元，其中××市××万元，××市××万元。

交通、输变电、电信、广播电视设施和库周水利设施等由相关主管部门负责复建或处理，共计完成投资××万元，其中××市完成投资××万元，××市完成投资××万元。

(1)××市。

①交通设施迁建或复建情况：国道××线及××河大桥已完成并投入使用，完成××线改建投资××万元。完成坝区库周道路恢复工程投资××万元。

②输变电设施迁建或复建情况：拆除35 kV变电站××座；35 kV及以上输电线路××条，拆除照明灯塔××座，完成投资××万元。

③通信广电设施迁建或复建情况：完成中国联通、中国铁通、中国电信、中国移动和广电部门各类通信线路××km和通信基站××处的迁建或者补偿。完成投资××万元。

④水利设施迁建或复建情况：拆迁扬水站××座，水源井××眼，××河防洪堤××km。完成投资××万元。

⑤镇外企事业单位处理情况：完成镇外企事业单位处理××家，完成投资××万元。

(2)××市。

完成投资××万元,其中××广播电视设施完成补偿××万元;××泵站拆除费××万元,恢复建设费××万元,目前竣工待验。

四、防护工程建设情况

××水利枢纽工程防护工程包括××市库区塌岸防护和××市工程防护,规划投资××万元,其中××市××万元,××市××万元。

(1)××市防护工程建设共计完成投资××万元,属于××湖右岸岸线综合整治Ⅰ期工程,工程长度××km。已按规定通过验收,运行管理责任主体和运行管理费已落实。

(2)××市结合湿地公园项目建设,对防护工程进行提标升级建设,投资已拨付到××区。目前正在建设中,预计××××年建设完成。

五、水库库底清理完成情况

根据主体工程建设进度需要和库底清理技术要求,××××年××市××县、××县、××县和××市××区、××区对××m 以下库区进行了库底清理并组织了验收。××m 以上的库底清理于××××年完成,资金已经由各县(区)支付给实施单位。

六、抽样检查情况

根据验收规程,对各类项目初验情况进行抽查,其中××办事处抽查××家行政事业单位和××家工商企业,分别占××%和××%;工业企业抽查××家,占××%;专业项目××类××个项目共抽查了××个项目,占××%;××市防护工程和××市防护工程进行了全部检查;库底清理对有关验收资料和清理工作材料进行了全部检查。抽查比例符合验收规程要求。

抽查检查结果:××市和××市完成的办事处迁建、工业企业迁复建、专项设施迁复建、防护工程建设和库底清理初验成果真实准确。

七、验收结论

经验收组检查,××水利枢纽工程办事处迁建、工业企业复建、专项设施复建、防护工程复建和库底清理均已达到验收规程规定的标准。

经验收组成员讨论,同意通过××水利枢纽工程竣工移民安置终验企事业和专项设施迁复建、防护工程建设和库底清理验收,评定等级为合格。

××水利枢纽工程竣工移民安置终验
企事业和专项设施迁复建、防护工程建设和库底清理组
××××年××月××日

××水利枢纽工程竣工移民安置终验企事业和专项设施迁复建、防护工程建设和库底清理组签字表

略。

××水利枢纽工程竣工移民安置终验企事业和专项设施迁复建、防护工程建设和库底清理评定表

略。

附件 1-3　移民资金使用管理组验收意见

××水利枢纽工程竣工移民安置终验移民资金使用管理组意见

终验委员会：

移民资金使用管理组由省(区)财政厅牵头，成员由××省(区)发展改革委、省(区)移民办和财政厅等单位代表组成。根据验收规程和终验方案的要求，移民资金使用管理组于××××年××月××日至××月××日，通过查阅资料、座谈、走访移民群众、填写和审核验收表格等方式，对××水利枢纽工程移民资金使用管理情况进行了检查验收，现将验收情况报告如下。

一、移民投资概算批复情况

根据移民规划调整报告，××水利枢纽工程征地补偿和移民安置总投资××万元。按照行政区域划分，××市投资××万元，××市投资××万元。

按照项目组成划分，农村移民补偿费××万元，办事处补偿费××万元，工业企业迁建补偿费××万元，专项设施恢复改建补偿费××万元，防护工程费××万元，库底清理费××万元，其他费用××万元，基本预备费××万元，协议及

地方补助费××万元，有关税费××万元。

二、移民资金拨付和使用情况

××水利枢纽工程用于移民资金共计××万元，其中，××市财政拨付移民资金××万元，××市财政拨付移民资金××万元。

××水利枢纽工程移民安置共完成投资××万元。其中，××市完成投资××万元，××市完成投资××万元。

按照项目组成划分，农村移民安置补偿费××万元，企事业单位拆迁补偿费××万元，专项设施恢复改建补偿费××万元，防护工程费××万元，库底清理费××万元，有关税费××万元，其他费用××万元，实施管理费××万元。

三、补偿标准执行情况

××市和××市执行省（区）人民政府办公厅《关于公布实施省（区）征地统一年产值标准和征地区片综合地价的通知》（××政办发〔××〕××号）公布的标准。

××××年规划设计单位对移民安置规划进行了调整，采纳了××政办发〔××〕××号公布的标准。

四、移民资金财务管理情况

为加强移民资金财务管理工作，××市和××市按照《水利基本建设项目竣工财务决算编制规程》等法律法规和有关文件要求，规范移民资金管理工作，移民资金实行专户管理、专账核算、专款专用，制定了相关管理制度，并得到较好的执行。

在使用移民资金过程中，严格按照年度计划和批准的资金项目进行资金使用管理，通过严把拨出关、存款关、结算关，保证了移民资金管理工作责任的落实。在资金运转方面，按移民资金使用用途，分类按科目下账，年终编制年度报告。各移民乡镇和涉及移民的各专项单位，按照相关文件要求进行管理，并定期接受监督检查。

五、移民资金竣工决算情况

××市和××市各县（区）均已完成了××水利枢纽工程建设征地和移民安置资金财务决算报告编制工作。

××水利枢纽工程征地补偿和移民安置项目决算资金××万元。××市决算××万元,其中××县××万元,××县××万元,××县××万元,××市属××万元。××市决算××万元,其中××区××万元,××区××万元。

六、稽察审计及整改落实情况

××××年××市审计局对××水利枢纽管理局移民安置资金进行了审计。

××审计局于××××年、××审计局于××××年分别对本区移民安置资金进行了审计。

××水利枢纽管理局和各县(区)对审计提出的问题进行了整改。

七、抽样检查情况

移民资金使用管理组对移民资金涉及的××市××县、××县和××县,××市的××区和××区共计××个县(区)全部进行了抽查,对涉及的××个乡镇抽查了××个,抽查比例××,对移民户(项目)抽样××户,抽查比例××,其中初验抽查户数××户,新抽查××户。终验抽查与初验抽查的移民户(项目)重叠率是××,未超过××的重叠率。同时,对企事业单位、专项设施、防护工程、库底清理等项目资金使用管理情况按照不低于××比例进行抽查。对抽查的项目资金使用情况进行账账核对、账实核对。抽查结果:××市和××市完成的移民资金使用管理初验成果真实准确、客观公正。

八、验收结论

经验收组检查,××水利枢纽工程移民资金使用管理已达到验收规程规定的标准:移民资金已经拨付到位;批准的补偿标准和投资概算得到严格执行;移民资金管理制度健全,并得到较好执行;移民资金财务决算已经编制完成,资金使用管理情况已经通过政府审计;移民资金审计、稽察和阶段性验收提出的问题已经整改。

经移民资金使用管理组成员讨论,同意通过××水利枢纽工程竣工移民安置终验移民资金使用管理验收,评定等级为合格。

××水利枢纽工程竣工移民安置终验

移民资金使用管理组

××××年××月××日

××水利枢纽工程竣工移民安置终验
移民资金使用管理组签字表

略。

××水利枢纽工程竣工移民安置终验
移民资金使用管理评定表

略。

附件 1-4　移民档案管理组验收意见

××水利枢纽工程竣工移民安置终验
移民档案管理组验收意见

终验委员会：

移民档案管理组由××省(区)档案局牵头，成员由省(区)档案局、省(区)移民办等单位代表组成。根据验收规程和终验工作方案，移民档案管理组于××××年××月××日至××月××日，通过抽查案卷、质询、实地查看、填写验收表格等方式，对××水利枢纽工程移民档案管理情况进行了验收。现将验收情况报告如下。

一、移民档案管理制度及执行情况

××市三县(××县、××县、××县)和××市两区(××区、××区)重视移民档案管理工作，成立了移民安置档案管理机构，配备了档案管理人员。建立了档案管理制度，为档案管理工作提供了有力的制度保障。

为加强××水利枢纽工程库区移民档案工作，规范移民档案管理，充分发挥移民档案的作用，××市档案史志局和××水利枢纽管理局共同制定了《××水利枢纽工程库区移民档案实施细则》(××〔××〕××号)，各县(区)按照实施细则要求，较好地完成了移民安置档案的收集、分类、组卷、归档、保管及利用等工作；建立了案卷级、文件级检索目录，满足了日常档案查询需要。

二、移民档案资料收集、整理和归档情况

截至××××年××月,××市、××市和项目法人共完成整理、归档建设征地和移民安置各类档案××卷(册、盘),其中××市××卷、××市××卷、××水利枢纽管理局(项目法人)××卷。具体情况为:

(1)××市三区移民管理机构共整理、归档建设征地和移民安置档案××卷(册、盘),其中农村移民安置档案××卷,企事业单位迁建档案××卷,专业项目复建档案××卷,库底清理档案××卷,移民综合档案××卷(包括文书档案××卷、会计档案××卷、声像档案××册/盘)。

(2)××市两区移民管理机构共整理、归档建设征地和移民安置档案××卷(册、盘),其中农村移民安置档案××卷,库底清理档案××卷,移民综合档案××卷(包括文书档案××卷、会计档案××卷、声像档案××册/盘)。

(3)项目法人共整理、归档建设征地和移民安置档案××卷,全部为移民综合档案前期类。

三、移民档案资料合规性情况

××市、××市和项目法人依照档案管理办法有关规定整理各项资料,移民档案基本达到了分类科学,排列有序,装订整齐,符合档案整理的要求;保存地点和装具、设备符合档案保管要求;移民档案真实完整,准确系统地记录和反映了××水利枢纽工程建设征地及移民安置过程,为移民安置工作提供了信证,为维护国家集体和移民个人合法权益提供了依据。

四、抽样检查情况

验收组共抽查各类移民档案资料××卷,占总卷数××卷的××%,其中抽查××市三县档案××卷,抽查比例为××%;抽查××市两区档案××卷,抽查比例为××%;抽查项目法人档案××卷,抽查比例为××%;均达到验收比例要求。

抽查结论:××市、××市和项目法人移民档案管理初验成果客观、真实,符合验收规程规定。

五、建议

进一步收集归档库底清理和后期扶持档案资料,进一步加强移民档案信息化建设。

六、验收结论

经验收组检查,××水利枢纽工程移民档案管理已达到验收规程规定的标准:××水利枢纽工程建设征地和移民安置档案管理制度健全,并得到认真执行;移民档案资料已按有关规定收集、整理并归档,真实、完整、准确、系统。

经移民档案管理组成员讨论,同意通过××水利枢纽工程竣工移民安置终验移民档案管理验收,评定等级为合格。

××水利枢纽工程竣工移民安置终验
移民档案管理组
××××年××月××日

××水利枢纽工程竣工移民安置终验
移民档案管理组签字表

略。

××水利枢纽工程竣工移民安置终验
移民档案管理评定表

略。

附件2　验收表格

略。

15.2　财务决算报告和审计报告样本

15.2.1　财务决算样本

××水利枢纽工程竣工××县移民安置财务决算报告

××水利枢纽工程由国家发展改革委批准立项,是××河河道整治的29

个梯级工程之一,属国家大Ⅱ型水利工程,在××河上中游段具有重要的防凌防汛及科学用水的调蓄作用。该工程土地征收、移民搬迁安置涉及××县××、××等××个乡(镇)××村、××村等××个村。

××县于××××年××月成立了××水利枢纽工程××县移民安置工作领导小组(简称领导小组),领导小组下设办公室,具体负责实施了××县移民搬迁安置日常工作。××××年××月,该县启动了水库移民搬迁安置工作;××××年××月,移民搬迁安置主要工作收官;××××年××月,移民搬迁安置扫尾工作全部结束。

××水利枢纽工程××县征地搬迁移民安置资金,自始至终是在××县财政、审计、纪检、监察等部门的严密监督之下,严格执行"三专一封闭"运行,领导小组组长××审核签付,由领导小组办公室财务组具体执行。

现将××水利枢纽工程××县移民安置项目规划、预算执行情况及财务收支情况决算报告如下。

一、执行依据

××水利枢纽工程建设征地补偿和移民安置阶段法人代表(项目法人)为××水利枢纽工程建设管理局,××县所承担的项目是整个××水利枢纽工程移民安置项目中××县部分,工程征地、移民安置工作中,主要执行以下法律法规和文件精神。

(1)《中华人民共和国土地管理法》《中华人民共和国民族区域自治法》《中华人民共和国森林法》《中华人民共和国草原法》《中华人民共和国民族区域自治法》《大中型水利水电工程建设征地补偿和移民安置条例》等法律法规及《××人民政府主席办公会议纪要》([××]××号)。

(2)依据水利部批复的《××水利枢纽初步设计阶段建设征地和移民安置规划报告》和××水利枢纽工程建设管理局与××政府签署的《××水利枢纽工程建设征地和移民安置投资包干合同书》以及××水利枢纽工程建设管理局与××县签署的补充合同、协议和××水利枢纽工程建设管理局发来的文函。

(3)经××县人民政府批准的《××水利枢纽工程××县段移民搬迁补偿安置实施方案》以及××县人民政府下发的有关文件、决定、会议纪要。

(4)××国土勘测规划院(简称土勘院)出具的"土地勘测定界技术报告"、××林业勘察设计院(简称林勘院)出具的相关勘测定界技术报告、××单位受县政府委托与移民签署的"搬迁补偿安置协议书"以及补充合同、协议等。

二、实物量认定

(一)土地

××水利枢纽工程建设征占用土地面积、界址均以××省(区)土勘院出具的“土地勘测定界技术报告”为准。

1. 林地

××水利枢纽工程建设征占用林地面积、界址均以××林勘院出具的林地勘测定界技术报告为准。

2. 耕地及退耕还林地

××水利枢纽工程建设征占用耕地及退耕还林地面积以××与移民签署的土地承包合同、协议为准,界址不定。

(二)养殖水面(鱼塘)

××水利枢纽工程建设征占用养殖水面面积以××林勘院出具的林地勘测定界技术报告、××与移民签署的承包合同、协议权衡结果为准,界址不定。

××水利枢纽工程建设征占用土地面积确定遵循的基本公式是:土地总面积(土勘数据)-林地面积(林勘数据)-草场面积(草勘数据)-耕地面积(土勘+合同数据)-养殖水面面积(土勘+合同数据)=其他土地面积。

(三)房屋及附属设施

××水利枢纽工程建设拆迁房屋及附属设施面积以签署《搬迁补偿安置协议书》和由××水利枢纽工程××县工作领导小组办公室、××人民政府、××村委员会与移民四方复核认可的数据为准。

(四)其他实物量

××水利枢纽工程建设征占用及拆迁的其他实物量,以相关文件、合同、协议及历史遗留状况,经××水利枢纽工程××县移民安置工作领导小组办公室、××乡政府、××村委员会与移民四方商榷认定的数据为准。

三、补偿标准确定

××水利枢纽工程建设征占用土地及移民搬迁安置所涉及实物补偿标准最初来自××水利枢纽工程建设管理局根据《××水利枢纽初步设计阶段建设征地和移民安置规划报告》、《××人民政府办公会议纪要(〔××〕××号)》并与××政府签署的《××水利枢纽工程建设征地和移民安置投资包干合同书》,但此标准与已执行过的××水利枢纽工程建设地××、××市同类实物补偿标准相去甚远,大部分实物不能达成补偿协议。

××水利枢纽工程××县移民安置工作领导小组办公室根据曾经执行过和现在正在执行的××市××县(区)及××县同类地区相同实物补偿标准,经研究制定、征求意见、反复修改后,形成了××县补偿标准。详见“××省(区)标准与××县标准对照表”(表中数字略)。

××省(区)标准与××县标准对照表

序号	项目	单位	××省(区)标准(元)	××县标准(元)	说明
一	耕地	亩[1]			
二	林地	亩			
1	退耕还林地	亩			
2	育苗地	亩			
3	宜林地	亩			
三	鱼塘	亩			
四	房屋及附属设施				
(一)	房屋				
1	原主房				
(1)	砖混结构	平方米			
(2)	砖木结构	平方米			
(3)	混合结构	平方米			
(4)	土木结构	平方米			
2	新主房				
(1)	砖混结构	平方米			
(2)	砖木结构	平方米			
3	杂房				
(1)	砖木结构	平方米			

[1] 1亩=1/15公顷。

续表

序号	项目	单位	××省(区)标准(元)	××县标准(元)	说明
(2)	混合结构	平方米			
(3)	土木结构	平方米			
(4)	简易房	平方米			
(二)	附属设施				
1	砖围墙	平方米			
2	土围墙	平方米			
3	门楼	平方米			
4	压水井	眼			
5	水泥场坪	平方米			
6	砖质场坪	平方米			
7	菜窖	个			
8	棚	个			
9	家禽窝	个			
10	猪羊圈	个			
11	电话	部			
12	杂砖木圈舍	平方米			
13	坟墓	冢			
14	零星林果木				
(1)	挂果树	株			
(2)	未挂果树	株			
(3)	幼树	株			
(4)	成树	株			
15	渗水井	眼			
16	PVC 管	米			
五	搬迁补助费	平方米			
六	临时安置费	平方米			

四、资金运行

(一)资金拨入

××水利枢纽工程建设征占用土地及移民搬迁安置拨入资金分为包干合同资金、××分配及××调整资金、项目法人陆续拨入资金和××县财政拨入资金共四部分,总拨入资金××万元。

1. 包干合同资金

包干合同资金共计××万元,包括以下子项目。

(1)农村移民安置补偿费××万元。

土地补偿费××万元。

a. 耕地补偿费××万元。

b. 林地补偿费××万元。

c. 鱼塘补偿费××万元。

(2)房屋及附属设施补偿费××万元。

①房屋补偿费××万元。

a. 主房××万元。

b. 杂房××万元。

c. 新建房××万元。

②附属设施补偿费××万元。

(3)其他补偿费××万元。

(4)农村工副业加工设施补偿费××万元。

(5)基础设施补偿费××万元。

(6)移民搬迁费××万元。

(7)过渡期生活补贴费××万元。

(8)小型水利设施补偿费××万元。

(9)广播电视转播设备补偿费××万元。

2. ××分配及××调整资金

××分配及××调整资金共计××万元,包括以下子项目。

(1)搬迁安置补偿费××万元。

(2)基本预备费××万元。

(3)实施管理费××万元。

3. 项目法人陆续拨入资金

项目法人陆续拨入资金共计××万元,包括以下子项目。

(1)××企业追加补偿费××万元。

(2)补充耕地费××万元。

(3)××追加恢复费××万元。

(4)××恢复费××万元。

(5)移民培训费××万元。

(6)村民苗木费××万元。

(7)库底清理费××万元。

(8)工作经费××万元。

4. ××县财政拨入资金

××县财政拨入资金共计××万元,用于××水利枢纽工程××县征地搬迁移民安置。

(二)资金支出

××水利枢纽工程××县移民安置补偿经费累计支出××万元。

1. 个人部分总支出

个人部分总支出××万元,包括以下子项目。

(1)安置补偿费支出××万元。

①土地补偿费支出××万元。

a. 耕地补偿费支出××万元。

b. 林地补偿费支出××万元。

②养殖水面补偿费支出××万元。

③房屋补偿费支出××万元。

④附属设施补偿费支出××万元。

⑤青苗补偿费支出××万元。

⑥地上附着物补偿费支出××万元。

⑦零星树木补偿费支出××万元。

⑧船只补偿费支出××万元。

⑨工副业加工设施补偿费支出××万元。

⑩坟墓补偿费支出××万元。

⑪奖励资金支出××万元。

⑫移民培训费支出××万元。

(2)移民搬迁费支出××万元。

(3)过渡期生活补贴费支出××万元。

2. 集体部分总支出

集体部分总支出××万元。

(1)××村房屋、附属设施及其他补偿费支出××万元。

(2)××村补偿费支出××万元。

3. ××单位房屋及附属设施补偿费

××单位房屋及附属设施补偿费支出××万元。

4. ××企业补偿费支出

××企业补偿费支出××万元。

5. ××单位林木补偿费支出

××单位林木补偿费支出××万元。

6. 耕地补充费支出

耕地补充费支出××万元。

7. ××单位恢复费(拆除)支出

××单位恢复费(拆除)支出××万元。

8. 电力恢复费支出

电力恢复费支出××万元。

9. 广播电视转播设备补偿费支出

广播电视转播设备补偿费支出××万元。

10. 库底清理费支出

库底清理费支出××万元。

11. 移民新村建设各项支出

移民新村建设各项支出××万元。

12. 实施管理费支出

实施管理费支出××万元

(三)资金结余

××水利枢纽工程移民搬迁安置经费累计拨入××万元,其中项目法人拨入××万元、县财政拨入××万元,截至××××年××月××日,累计支出××万元,结余××万元,其中实施管理费结余××万元、××单位恢复费结余××万元(留待复建竣工结算使用)、县财政经费结余××万元、工作经费××万元。结余资金已全部上交县财政。

各项资金拨入、支出、结余情况及其具体渠道详见附表“××水利枢纽工程竣工××县移民安置资金收入支出明细表”略。

××水利枢纽工程××县移民安置工作领导小组办公室
××××年××月××日

15.2.2　审计报告样本

××县审计局
审计报告
××审〔××〕××号

被审计单位:××水利枢纽工程××县移民安置工作领导小组办公室

审计项目:关于××水利枢纽工程××县移民搬迁补偿安置资金使用情况专项审计调查

根据《中华人民共和国审计法》第二十七条规定,××县审计局派出审计组于××××年××月××日至××月××日对××水利枢纽工程××县移民工作领导小组办公室(以下简称××县移民办)移民搬迁补偿安置资金到位、拨付、管理、使用情况进行专项审计调查,对重要事项进行了必要的延伸和追溯。××县移民办及有关单位对其提供并承诺其提供资料的真实性和完整性负责,审计局的责任是依法独立实施审计调查并出具审计调查报告。

一、被调查事项基本情况

根据《××人民政府××××年第××次会议纪要》和《××水利枢纽工程建设征地和移民安置投资包干合同书》要求,××××年××县委、县政府召开专题会议,成立由县××任组长、政府副县长任副组长,抽调水利、国土、林业、住建、扶贫、财政等部门相关工作人员组成××县移民办,坚持“服务国家重点工程、服务移民群众”的方针和“以人为本,和谐拆迁”的原则开展工作。××县顺利完成了征地、搬迁、补偿等工作,为××水利枢纽工程的顺利实施创造了条件。

××水利枢纽工程××县移民搬迁补偿安置项目为××工程项目组成部分。根据《××水利枢纽工程可行性研究报告阶段建设征地和移民安置设计报告》,县政府结合实际情况,制订《××水利枢纽工程××县移民搬迁补偿安置实施方案》,××县移民办依据《××水利枢纽工程××县移民搬迁补偿安置实施方案》开展工作。

(一)项目资金到位、支付情况

根据××工程建设管理局(项目法人)与××政府签订的《××水利枢纽工程建设征地和移民安置投资包干合同书》,项目法人拨入××县项目资金××万元,其中搬迁安置项目资金××万元、管理费××万元、工作经费××万元;截至审计日累计支出××万元,其中搬迁安置项目支出××万元、管理费支出××万元、专项资金应结余××万元(银行存款结余××万元)。

1. 移民搬迁安置补偿项目支出情况

××县移民办根据××县人民政府办公室《关于印发××水利枢纽工程××县搬迁安置补偿实施方案的通知》(××县办发〔××〕××号)发放移民安置补偿资金。截至审计日,移民搬迁安置补偿项目支出××万元,其中个人部分补偿支出××万元、集体部分补偿支出××万元、××单位补偿支出××万元、××单位补偿支出××万元、移民培训支出××万元、拨付县扶贫办工程项目资金××万元、拨付县交通局道路工程款××万元、补充耕地费支出××万元、移民新村电力恢复建设费××万元、××单位恢复建设费××万元、××单位恢复建设费××万元、新增建设用地费支出××万元、库底清理费××万元、宜林地补偿款××万元、移民安置房建房补贴及配套设施建设支出××万元、××单位林地补偿款××万元、拨出经费××万元。

2. 管理费支出情况

截至审计日,管理费累计支出××万元,其中人员支出××万元、公用支出××万元。

(二)项目管理及工程完工情况

××水利枢纽工程××县移民搬迁补偿安置项目实施过程中推行项目法人制、工程监理制、项目公示制,移民资金管理使用执行“三专一封闭”的方式,能够履行水利水电工程建设项目相关规定,确保项目顺利实施。对新建移民安居工程组织发改、财政、城建、消防等相关部门进行验收,移民按计划入住。

项目涉及××县××镇、××镇共××户、××人,签订搬迁协议书××份。征用××县各类土地面积××亩、拆迁各类房屋×× m^2。移民安置工作中××县执行开发性移民方针,在尊重搬迁户意愿的基础上采取货币安置和后靠安置两种安置方式,其中政府统一安置××户(包括××移民新村安置××户和××移民新村安置××户)。

二、审计调查评价意见

审计结果表明:××县委、县政府重视此项工作,在人力、物力、财力等方面给予保障,用较短的时间完成了征地拆迁、补偿安置等工作,为××水利枢纽工程如期开工奠定了基础。××县移民办提供的资料真实、合法,内控制度健全,执行有效。延伸审计调查中发现县财政占用枢纽办安置补偿资金、县扶贫办从枢纽工作经费中列支赞助费、大中型水库移民后期扶持资金及移民补助款未发放等违反相关规定的事实。

三、审计调查发现的问题及处理意见

(一)县财政占用枢纽办安置补偿资金

根据县长办公会议(县办发〔××〕××号)决定,××县移民办垫付土地、林地征转费用××万元,截至审计调查日县财政尚未归还。

(二)县扶贫办从枢纽工作经费中列支赞助费

延伸审计发现,××县扶贫办从移民安置工作经费列支帮扶××村赞助费××万元、共建单位赞助费××万元。

违反了《关于切实加强水利资金使用监督管理的意见》(财农〔2012〕22号)四、加强水利项目资金监督管理 (九)加强项目资金使用管理。严格规范水利建设项目资金使用拨付程序,明确责任主体,加快拨付进度。大力推进国库集中支付制度,切实做到专款专用,严禁截留、滞留、转移、挪用资金。积极推行预算审查制和决算评审制。(十二)水利资金使用管理中违反财政资金拨付和预算管理规定的,依照《财政违法行为处罚处分条例》(国务院令第427号)及有关法律、法规进行处理的规定。

根据《财政违法行为处罚处分条例》(国务院令第427号)第六条:国家机关及其工作人员有下列违反规定使用、骗取财政资金的行为之一的,责令改正,调整有关会计账目,追回有关财政资金,限期退还违反所得。对单位给予警告或者通报批评。对直接负责的主管人员和其他直接责任人员给予记大过处分;情节较重的,给予降级或者撤职处分;情节严重的,给予开除处分。

处理意见:责成××县移民办协调县财政、扶贫办于90个工作日内分别归还占用资金××万元、赞助费××万元。

四、审计调查建议

(一)县政府组织开展××水利枢纽工程××县移民搬迁安置项目自验工作

根据《关于印发〈大中型水利水电移民安置验收管理暂行办法〉的通知》(水移〔2012〕77号)第十条“移民区和移民安置县人民政府负责组织移民安置自验”及第十六条“移民区和移民安置区县级人民政府应当按照移民安置验收工作计划,组织开展移民自验的工作。移民安置自验通过后,移民区和移民安置区县级人民政府应当在自验通过之日起30个工作日内,向移民安置初验单位提出初验申请”的规定,建议××县移民办开展工程验收工作。

(二)加强非税收入专用票据管理工作

延伸审计调查发现,××县林业局××××年××月收取××水利枢纽工程建设管理局征用林地植被恢复费××万元,出具非税收入专用票据。××县林业局××××年××月将资金缴入××财政厅非税收入专户,××财政厅出具非税收入专用票据给××工程建设管理局。建议移交××水利枢纽工程建设管理局进一步开展审计调查,核实情况。

(三)及时发放移民补助资金,开展移民项目建设工作

经审计调查核实,上级部门拨入××县大中型水库移民后期扶持资金及移民补助款等××万元,截至审计调查日,××县大中型水利工程移民安置工作办公室支出业务费××万元,资金结余××万元(包括财政额度结余××万元和××县大中型水利工程移民安置工作办公室结余××万元),移民补助资金未发放、移民项目未落实。结合扶贫项目、××地方综合开发项目、生态项目给予主动扶持,确保移民搬得出、稳得住、能致富,使工程达到预期效果,移民生活得到改善。

××县审计局

××××年××月××日

参考文献

[1] 中华人民共和国国务院. 大中型水利水电工程建设征地补偿和移民安置条例(国务院令第471号,国务院令第679号).2017.

[2] 中华人民共和国水利部. 大中型水利水电工程移民安置验收管理暂行办法(水移〔2012〕77号).2012.

[3] 中华人民共和国水利部. 关于加强水库移民工作监督管理的指导意见(水移民〔2019〕365号).2019.

[4] 中华人民共和国水利部. 关于印发水库移民工作监督检查办法(试行)的通知(水移民〔2019〕400号).2019.

[5] 中华人民共和国水利部. 水利水电工程移民安置验收规程(SL 682—2014)[S]. 北京:中国水利水电出版社,2014.

[6] 中华人民共和国国家档案局,水利部,国家能源局. 水利水电工程移民档案管理办法(档发〔2012〕4号).2012.

[7] 中华人民共和国水利部. 水利水电工程项目建议书编制规程(SL 617—2013)[S]. 北京:中国水利水电出版社,2014.

[8] 中华人民共和国水利部. 水利水电工程可行性研究报告编制规程(SL 618—2013)[S]. 北京:中国水利水电出版社,2014.

[9] 中华人民共和国水利部. 水利水电工程初步设计报告编制规程(SL 619—2013)[S]. 北京:中国水利水电出版社,2014.

[10] 中华人民共和国水利部. 水利水电工程移民安置监督评估规程(SL 716—2015)[S]. 北京:中国水利水电出版社,2015.

[11] 中华人民共和国国家能源局. 水电工程建设征地移民安置验收规程(NB/T 35013—2013)[S]. 北京:中国电力出版社,2013.

[12] 中华人民共和国国家能源局. 水电工程验收管理办法(国能新能〔2015〕426号).2015.

[13] 张穹,矫勇,周英. 大中型水利水电工程建设征地补偿和移民条例释义[M]. 北京:中国水利水电出版社,2007.

[14] 徐乘,刘伟平,唐贵忠,等. 水利水电工程移民监督评估[M]. 郑州:黄河水利出版社,2008.

[15] 王应政. 中国水利水电工程移民问题研究[M]. 北京:中国水利水电出版社,2010.

[16] 王显勇,任泽俭,赵文聚,等. 南水北调工程征地移民政策与技术应用[M]. 北京:中国水利水电出版社,2010.

[17] 杨建设. 水利水电工程移民监理[M]. 北京:中国水利水电出版社,2007.

[18] 左萍,杨建设,杨涛,等.水利水电工程移民安置监督评估内容探讨[J].人民黄河,2011,12:132-133,146.
[19] 袁松龄.小浪底移民业主管理实践与研究[M].北京:科学出版社,2004.
[20] 湖南省水库移民开发管理局.中国水力发电工程学会水库专委会论文集(2018 年度)[D].西宁:青海西宁年会,2018.
[21] 姚玉琴.水利水电工程建设征地移民 70 年[J].水工程移民,2020,3.
[22] 段永峰,苏青,闫国平.中国水力发电工程学会水库专委会论文集(2018 年度)[J]//探索有效做法,推动水利水电工程移民安置验收工作——水利水电工程移民安置验收滞后原因分析及其对策研究.2018,7:58-62.
[23] 段永峰,苏青,闫国平,等.水利水电工程移民安置验收工作问题与措施——以黄河海勃湾水利枢纽工程竣工移民安置验收为例[J].水工程移民,2020,3:47-49.
[24] 段永峰,张立伟,张柏生.2021 年水库移民政策技术管理论坛交流论文集[J].坚持问题导向强化移民安置监管效能,2021,4:134-138.

附　录

附录 1　移民安置验收有关法规制度

大中型水利水电工程建设征地补偿和移民安置条例

中华人民共和国国务院令第 471 号

《大中型水利水电工程建设征地补偿和移民安置条例》已经 2006 年 3 月 29 日国务院第 130 次常务会议通过，现予公布，自 2006 年 9 月 1 日起施行。

总　理　温家宝

二〇〇六年七月七日

国务院关于修改《大中型水利水电工程建设征地补偿和移民安置条例》的决定

中华人民共和国国务院令第 679 号

现公布《国务院关于修改〈大中型水利水电工程建设征地补偿和移民安置条例〉的决定》，自 2017 年 6 月 1 日起施行。

总理　李克强

二〇一七年四月十四日

大中型水利水电工程建设征地补偿和移民安置条例

中华人民共和国国务院令第 679 号

第一章　总　则

第一条　为了做好大中型水利水电工程建设征地补偿和移民安置工

作，维护移民合法权益，保障工程建设的顺利进行，根据《中华人民共和国土地管理法》和《中华人民共和国水法》，制定本条例。

第二条　大中型水利水电工程的征地补偿和移民安置，适用本条例。

第三条　国家实行开发性移民方针，采取前期补偿、补助与后期扶持相结合的办法，使移民生活达到或者超过原有水平。

第四条　大中型水利水电工程建设征地补偿和移民安置应当遵循下列原则：

（一）以人为本，保障移民的合法权益，满足移民生存与发展的需求；

（二）顾全大局，服从国家整体安排，兼顾国家、集体、个人利益；

（三）节约利用土地，合理规划工程占地，控制移民规模；

（四）可持续发展，与资源综合开发利用、生态环境保护相协调；

（五）因地制宜，统筹规划。

第五条　移民安置工作实行政府领导、分级负责、县为基础、项目法人参与的管理体制。

国务院水利水电工程移民行政管理机构（以下简称国务院移民管理机构）负责全国大中型水利水电工程移民安置工作的管理和监督。

县级以上地方人民政府负责本行政区域内大中型水利水电工程移民安置工作的组织和领导；省、自治区、直辖市人民政府规定的移民管理机构，负责本行政区域内大中型水利水电工程移民安置工作的管理和监督。

第二章　移民安置规划

第六条　已经成立项目法人的大中型水利水电工程，由项目法人编制移民安置规划大纲，按照审批权限报省、自治区、直辖市人民政府或者国务院移民管理机构审批；省、自治区、直辖市人民政府或者国务院移民管理机构在审批前应当征求移民区和移民安置区县级以上地方人民政府的意见。

没有成立项目法人的大中型水利水电工程，项目主管部门应当会同移民区和移民安置区县级以上地方人民政府编制移民安置规划大纲，按照审批权限报省、自治区、直辖市人民政府或者国务院移民管理机构审批。

第七条　移民安置规划大纲应当根据工程占地和淹没区实物调查结果以及移民区、移民安置区经济社会情况和资源环境承载能力编制。

工程占地和淹没区实物调查，由项目主管部门或者项目法人会同工程占地和淹没区所在地的地方人民政府实施；实物调查应当全面准确，调查结果经调查者和被调查者签字认可并公示后，由有关地方人民政府签署意见。

实物调查工作开始前,工程占地和淹没区所在地的省级人民政府应当发布通告,禁止在工程占地和淹没区新增建设项目和迁入人口,并对实物调查工作作出安排。

第八条　移民安置规划大纲应当主要包括移民安置的任务、去向、标准和农村移民生产安置方式以及移民生活水平评价和搬迁后生活水平预测、水库移民后期扶持政策、淹没线以上受影响范围的划定原则、移民安置规划编制原则等内容。

第九条　编制移民安置规划大纲应当广泛听取移民和移民安置区居民的意见;必要时,应当采取听证的方式。

经批准的移民安置规划大纲是编制移民安置规划的基本依据,应当严格执行,不得随意调整或者修改;确需调整或者修改的,应当报原批准机关批准。

第十条　已经成立项目法人的,由项目法人根据经批准的移民安置规划大纲编制移民安置规划;没有成立项目法人的,项目主管部门应当会同移民区和移民安置区县级以上地方人民政府,根据经批准的移民安置规划大纲编制移民安置规划。

大中型水利水电工程的移民安置规划,按照审批权限经省、自治区、直辖市人民政府移民管理机构或者国务院移民管理机构审核后,由项目法人或者项目主管部门报项目审批或者核准部门,与可行性研究报告或者项目申请报告一并审批或者核准。

省、自治区、直辖市人民政府移民管理机构或者国务院移民管理机构审核移民安置规划,应当征求本级人民政府有关部门以及移民区和移民安置区县级以上地方人民政府的意见。

第十一条　编制移民安置规划应当以资源环境承载能力为基础,遵循本地安置与异地安置、集中安置与分散安置、政府安置与移民自找门路安置相结合的原则。

编制移民安置规划应当尊重少数民族的生产、生活方式和风俗习惯。

移民安置规划应当与国民经济和社会发展规划以及土地利用总体规划、城市总体规划、村庄和集镇规划相衔接。

第十二条　移民安置规划应当对农村移民安置、城(集)镇迁建、工矿企业迁建、专项设施迁建或者复建、防护工程建设、水库水域开发利用、水库移民后期扶持措施、征地补偿和移民安置资金概(估)算等作出安排。

对淹没线以上受影响范围内因水库蓄水造成的居民生产、生活困难问题,应当纳入移民安置规划,按照经济合理的原则,妥善处理。

第十三条　对农村移民安置进行规划,应当坚持以农业生产安置为主,遵循因地制宜、有利生产、方便生活、保护生态的原则,合理规划农村移民安置点;有条件的地方,可以结合小城镇建设进行。

农村移民安置后,应当使移民拥有与移民安置区居民基本相当的土地等农业生产资料。

第十四条　对城(集)镇移民安置进行规划,应当以城(集)镇现状为基础,节约用地,合理布局。

工矿企业的迁建,应当符合国家的产业政策,结合技术改造和结构调整进行;对技术落后、浪费资源、产品质量低劣、污染严重、不具备安全生产条件的企业,应当依法关闭。

第十五条　编制移民安置规划应当广泛听取移民和移民安置区居民的意见;必要时,应当采取听证的方式。

经批准的移民安置规划是组织实施移民安置工作的基本依据,应当严格执行,不得随意调整或者修改;确需调整或者修改的,应当依照本条例第十条的规定重新报批。

未编制移民安置规划或者移民安置规划未经审核的大中型水利水电工程建设项目,有关部门不得批准或者核准其建设,不得为其办理用地等有关手续。

第十六条　征地补偿和移民安置资金、依法应当缴纳的耕地占用税和耕地开垦费以及依照国务院有关规定缴纳的森林植被恢复费等应当列入大中型水利水电工程概算。

征地补偿和移民安置资金包括土地补偿费、安置补助费,农村居民点迁建、城(集)镇迁建、工矿企业迁建以及专项设施迁建或者复建补偿费(含有关地上附着物补偿费),移民个人财产补偿费(含地上附着物和青苗补偿费)和搬迁费,库底清理费,淹没区文物保护费和国家规定的其他费用。

第十七条　农村移民集中安置的农村居民点、城(集)镇、工矿企业以及专项设施等基础设施的迁建或者复建选址,应当依法做好环境影响评价、水文地质与工程地质勘察、地质灾害防治和地质灾害危险性评估。

第十八条　对淹没区内的居民点、耕地等,具备防护条件的,应当在经济合理的前提下,采取修建防护工程等防护措施,减少淹没损失。

防护工程的建设费用由项目法人承担,运行管理费用由大中型水利水电工程管理单位负责。

第十九条　对工程占地和淹没区内的文物，应当查清分布，确认保护价值，坚持保护为主、抢救第一的方针，实行重点保护、重点发掘。

第三章　征地补偿

第二十条　依法批准的流域规划中确定的大中型水利水电工程建设项目的用地，应当纳入项目所在地的土地利用总体规划。

大中型水利水电工程建设项目核准或者可行性研究报告批准后，项目用地应当列入土地利用年度计划。

属于国家重点扶持的水利、能源基础设施的大中型水利水电工程建设项目，其用地可以以划拨方式取得。

第二十一条　大中型水利水电工程建设项目用地，应当依法申请并办理审批手续，实行一次报批、分期征收，按期支付征地补偿费。

对于应急的防洪、治涝等工程，经有批准权的人民政府决定，可以先行使用土地，事后补办用地手续。

第二十二条　大中型水利水电工程建设征收土地的土地补偿费和安置补助费，实行与铁路等基础设施项目用地同等补偿标准，按照被征收土地所在省、自治区、直辖市规定的标准执行。

被征收土地上的零星树木、青苗等补偿标准，按照被征收土地所在省、自治区、直辖市规定的标准执行。

被征收土地上的附着建筑物按照其原规模、原标准或者恢复原功能的原则补偿；对补偿费用不足以修建基本用房的贫困移民，应当给予适当补助。

使用其他单位或者个人依法使用的国有耕地，参照征收耕地的补偿标准给予补偿；使用未确定给单位或者个人使用的国有未利用地，不予补偿。

移民远迁后，在水库周边淹没线以上属于移民个人所有的零星树木、房屋等应当分别依照本条第二款、第三款规定的标准给予补偿。

第二十三条　大中型水利水电工程建设临时用地，由县级以上人民政府土地主管部门批准。

第二十四条　工矿企业和交通、电力、电信、广播电视等专项设施以及中小学的迁建或者复建，应当按照其原规模、原标准或者恢复原功能的原则补偿。

第二十五条　大中型水利水电工程建设占用耕地的，应当执行占补平衡的规定。为安置移民开垦的耕地、因大中型水利水电工程建设而进行土地整理新增的耕地、工程施工新造的耕地可以抵扣或者折抵建设占用耕地的数量。

大中型水利水电工程建设占用25度以上坡耕地的，不计入需要补充耕地的范围。

第四章　移民安置

第二十六条　移民区和移民安置区县级以上地方人民政府负责移民安置规划的组织实施。

第二十七条　大中型水利水电工程开工前，项目法人应当根据经批准的移民安置规划，与移民区和移民安置区所在的省、自治区、直辖市人民政府或者市、县人民政府签订移民安置协议；签订协议的省、自治区、直辖市人民政府或者市人民政府，可以与下一级有移民或者移民安置任务的人民政府签订移民安置协议。

第二十八条　项目法人应当根据大中型水利水电工程建设的要求和移民安置规划，在每年汛期结束后60日内，向与其签订移民安置协议的地方人民政府提出下年度移民安置计划建议；签订移民安置协议的地方人民政府，应当根据移民安置规划和项目法人的年度移民安置计划建议，在与项目法人充分协商的基础上，组织编制并下达本行政区域的下年度移民安置年度计划。

第二十九条　项目法人应当根据移民安置年度计划，按照移民安置实施进度将征地补偿和移民安置资金支付给与其签订移民安置协议的地方人民政府。

第三十条　农村移民在本县通过新开发土地或者调剂土地集中安置的，县级人民政府应当将土地补偿费、安置补助费和集体财产补偿费直接全额兑付给该村集体经济组织或者村民委员会。

农村移民分散安置到本县内其他村集体经济组织或者村民委员会的，应当由移民安置村集体经济组织或者村民委员会与县级人民政府签订协议，按照协议安排移民的生产和生活。

第三十一条　农村移民在本省行政区域内其他县安置的，与项目法人签订移民安置协议的地方人民政府，应当及时将相应的征地补偿和移民安置资金交给移民安置区县级人民政府，用于安排移民的生产和生活。

农村移民跨省安置的，项目法人应当及时将相应的征地补偿和移民安置资金交给移民安置区省、自治区、直辖市人民政府，用于安排移民的生产和生活。

第三十二条　搬迁费以及移民个人房屋和附属建筑物、个人所有的零星树木、青苗、农副业设施等个人财产补偿费，由移民区县级人民政府直接全额兑付给移民。

第三十三条　移民自愿投亲靠友的，应当由本人向移民区县级人民政府提出申请，并提交接收地县级人民政府出具的接收证明；移民区县级人民政府确认其具有土地等农业生产资料后，应当与接收地县级人民政府和移民共同签订协议，将土地补偿费、安置补助费交给接收地县级人民政府，统筹安排移民的生产和生活，将个人财产补偿费和搬迁费发给移民个人。

第三十四条　城（集）镇迁建、工矿企业迁建、专项设施迁建或者复建补偿费，由移民区县级以上地方人民政府交给当地人民政府或者有关单位。因扩大规模、提高标准增加的费用，由有关地方人民政府或者有关单位自行解决。

第三十五条　农村移民集中安置的农村居民点应当按照经批准的移民安置规划确定的规模和标准迁建。

农村移民集中安置的农村居民点的道路、供水、供电等基础设施，由乡（镇）、村统一组织建设。

农村移民住房，应当由移民自主建造。有关地方人民政府或者村民委员会应当统一规划宅基地，但不得强行规定建房标准。

第三十六条　农村移民安置用地应当依照《中华人民共和国土地管理法》和《中华人民共和国农村土地承包法》办理有关手续。

第三十七条　移民安置达到阶段性目标和移民安置工作完毕后，省、自治区、直辖市人民政府或者国务院移民管理机构应当组织有关单位进行验收；移民安置未经验收或者验收不合格的，不得对大中型水利水电工程进行阶段性验收和竣工验收。

第五章　后期扶持

第三十八条　移民安置区县级以上地方人民政府应当编制水库移民后期扶持规划，报上一级人民政府或者其移民管理机构批准后实施。

编制水库移民后期扶持规划应当广泛听取移民的意见；必要时，应当采取听证的方式。

经批准的水库移民后期扶持规划是水库移民后期扶持工作的基本依据，应当严格执行，不得随意调整或者修改；确需调整或者修改的，应当报原批准机关批准。

未编制水库移民后期扶持规划或者水库移民后期扶持规划未经批准，有关单位不得拨付水库移民后期扶持资金。

第三十九条　水库移民后期扶持规划应当包括后期扶持的范围、期限、具体措施和预期达到的目标等内容。水库移民安置区县级以上地方人民政府应当采取建立责任制等有效措施，做好后期扶持规划的落实工作。

第四十条　水库移民后期扶持资金应当按照水库移民后期扶持规划，主要作为生产生活补助发放给移民个人；必要时可以实行项目扶持，用于解决移民村生产生活中存在的突出问题，或者采取生产生活补助和项目扶持相结合的方式。具体扶持标准、期限和资金的筹集、使用管理依照国务院有关规定执行。

省、自治区、直辖市人民政府根据国家规定的原则，结合本行政区域实际情况，制定水库移民后期扶持具体实施办法，报国务院批准后执行。

第四十一条　各级人民政府应当加强移民安置区的交通、能源、水利、环保、通信、文化、教育、卫生、广播电视等基础设施建设，扶持移民安置区发展。

移民安置区地方人民政府应当将水库移民后期扶持纳入本级人民政府国民经济和社会发展规划。

第四十二条　国家在移民安置区和大中型水利水电工程受益地区兴办的生产建设项目，应当优先吸收符合条件的移民就业。

第四十三条　大中型水利水电工程建成后形成的水面和水库消落区土地属于国家所有，由该工程管理单位负责管理，并可以在服从水库统一调度和保证工程安全、符合水土保持和水质保护要求的前提下，通过当地县级人民政府优先安排给当地农村移民使用。

第四十四条　国家在安排基本农田和水利建设资金时，应当对移民安置区所在县优先予以扶持。

第四十五条　各级人民政府及其有关部门应当加强对移民的科学文化知识和实用技术的培训，加强法制宣传教育，提高移民素质，增强移民就业能力。

第四十六条　大中型水利水电工程受益地区的各级地方人民政府及其有关部门应当按照优势互补、互惠互利、长期合作、共同发展的原则，采取多种形式对移民安置区给予支持。

第六章　监督管理

第四十七条　国家对移民安置和水库移民后期扶持实行全过程监督。省、自治区、直辖市人民政府和国务院移民管理机构应当加强对移民安置和水库移民后期扶持的监督,发现问题应当及时采取措施。

第四十八条　国家对征地补偿和移民安置资金、水库移民后期扶持资金的拨付、使用和管理实行稽察制度,对拨付、使用和管理征地补偿和移民安置资金、水库移民后期扶持资金的有关地方人民政府及其有关部门的负责人依法实行任期经济责任审计。

第四十九条　县级以上人民政府应当加强对下级人民政府及其财政、发展改革、移民等有关部门或者机构拨付、使用和管理征地补偿和移民安置资金、水库移民后期扶持资金的监督。

县级以上地方人民政府或者其移民管理机构应当加强对征地补偿和移民安置资金、水库移民后期扶持资金的管理,定期向上一级人民政府或者其移民管理机构报告并向项目法人通报有关资金拨付、使用和管理情况。

第五十条　各级审计、监察机关应当依法加强对征地补偿和移民安置资金、水库移民后期扶持资金拨付、使用和管理情况的审计和监察。

县级以上人民政府财政部门应当加强对征地补偿和移民安置资金、水库移民后期扶持资金拨付、使用和管理情况的监督。

审计、监察机关和财政部门进行审计、监察和监督时,有关单位和个人应当予以配合,及时提供有关资料。

第五十一条　国家对移民安置实行全过程监督评估。签订移民安置协议的地方人民政府和项目法人应当采取招标的方式,共同委托移民安置监督评估单位对移民搬迁进度、移民安置质量、移民资金的拨付和使用情况以及移民生活水平的恢复情况进行监督评估;被委托方应当将监督评估的情况及时向委托方报告。

第五十二条　征地补偿和移民安置资金应当专户存储、专账核算,存储期间的孳息,应当纳入征地补偿和移民安置资金,不得挪作他用。

第五十三条　移民区和移民安置区县级人民政府,应当以村为单位将大中型水利水电工程征收的土地数量、土地种类和实物调查结果、补偿范围、补偿标准和金额以及安置方案等向群众公布。群众提出异议的,县级人民政府应当及时核查，并对统计调查结果不准确的事项进行改正；经核查无误的，应当及时向群众解释。

有移民安置任务的乡（镇）、村应当建立健全征地补偿和移民安置资金的财务管理制度，并将征地补偿和移民安置资金收支情况张榜公布，接受群众监督；土地补偿费和集体财产补偿费的使用方案应当经村民会议或者村民代表会议讨论通过。

移民安置区乡（镇）人民政府、村（居）民委员会应当采取有效措施帮助移民适应当地的生产、生活，及时调处矛盾纠纷。

第五十四条　县级以上地方人民政府或者其移民管理机构以及项目法人应当建立移民工作档案，并按照国家有关规定进行管理。

第五十五条　国家切实维护移民的合法权益。

在征地补偿和移民安置过程中，移民认为其合法权益受到侵害的，可以依法向县级以上人民政府或者其移民管理机构反映，县级以上人民政府或者其移民管理机构应当对移民反映的问题进行核实并妥善解决。移民也可以依法向人民法院提起诉讼。

移民安置后，移民与移民安置区当地居民享有同等的权利，承担同等的义务。

第五十六条　按照移民安置规划必须搬迁的移民，无正当理由不得拖延搬迁或者拒迁。已经安置的移民不得返迁。

第七章　法律责任

第五十七条　违反本条例规定，有关地方人民政府、移民管理机构、项目审批部门及其他有关部门有下列行为之一的，对直接负责的主管人员和其他直接责任人员依法给予行政处分；造成严重后果，有关责任人员构成犯罪的，依法追究刑事责任：

（一）违反规定批准移民安置规划大纲、移民安置规划或者水库移民后期扶持规划的；

（二）违反规定批准或者核准未编制移民安置规划或者移民安置规划未经审核的大中型水利水电工程建设项目的；

（三）移民安置未经验收或者验收不合格而对大中型水利水电工程进行阶段性验收或者竣工验收的；

（四）未编制水库移民后期扶持规划，有关单位拨付水库移民后期扶持资金的；

（五）移民安置管理、监督和组织实施过程中发现违法行为不予查处的；

（六）在移民安置过程中发现问题不及时处理，造成严重后果以及有其他滥用职权、玩忽职守等违法行为的。

第五十八条 违反本条例规定，项目主管部门或者有关地方人民政府及其有关部门调整或者修改移民安置规划大纲、移民安置规划或者水库移民后期扶持规划的，由批准该规划大纲、规划的有关人民政府或者其有关部门、机构责令改正，对直接负责的主管人员和其他直接责任人员依法给予行政处分；造成重大损失，有关责任人员构成犯罪的，依法追究刑事责任。

违反本条例规定，项目法人调整或者修改移民安置规划大纲、移民安置规划的，由批准该规划大纲、规划的有关人民政府或者其有关部门、机构责令改正，处 10 万元以上 50 万元以下的罚款；对直接负责的主管人员和其他直接责任人员处 1 万元以上 5 万元以下的罚款；造成重大损失，有关责任人员构成犯罪的，依法追究刑事责任。

第五十九条 违反本条例规定，在编制移民安置规划大纲、移民安置规划、水库移民后期扶持规划，或者进行实物调查、移民安置监督评估中弄虚作假的，由批准该规划大纲、规划的有关人民政府或者其有关部门、机构责令改正，对有关单位处 10 万元以上 50 万元以下的罚款；对直接负责的主管人员和其他直接责任人员处 1 万元以上 5 万元以下的罚款；给他人造成损失的，依法承担赔偿责任。

第六十条 违反本条例规定，侵占、截留、挪用征地补偿和移民安置资金、水库移民后期扶持资金的，责令退赔，并处侵占、截留、挪用资金额 3 倍以下的罚款，对直接负责的主管人员和其他责任人员依法给予行政处分；构成犯罪的，依法追究有关责任人员的刑事责任。

第六十一条 违反本条例规定，拖延搬迁或者拒迁的，当地人民政府或者其移民管理机构可以申请人民法院强制执行；违反治安管理法律、法规的，依法给予治安管理处罚；构成犯罪的，依法追究有关责任人员的刑事责任。

第八章　附　则

第六十二条　长江三峡工程的移民工作,依照《长江三峡工程建设移民条例》执行。

南水北调工程的征地补偿和移民安置工作,依照本条例执行。但是,南水北调工程中线、东线一期工程的移民安置规划的编制审批,依照国务院的规定执行。

第六十三条　本条例自2006年9月1日起施行。1991年2月15日国务院发布的《大中型水利水电工程建设征地补偿和移民安置条例》同时废止。

关于印发《大中型水利水电工程移民安置验收管理暂行办法》的通知

(水移〔2012〕77号)

各省、自治区、直辖市水利(水务)厅(局)和移民管理机构,新疆生产建设兵团水利局,部直属各单位:

根据《大中型水利水电工程建设征地补偿和移民安置条例》及相关法律、法规,我部制定了《大中型水利水电工程移民安置验收管理暂行办法》,现予印发,请遵照执行。

在执行过程中如有问题请及时反馈我部水库移民开发局,以利于进一步完善和规范水利水电工程移民安置验收管理工作。

附件:大中型水利水电工程移民安置验收管理暂行办法

二〇一二年三月六日

大中型水利水电工程移民安置验收管理暂行办法

第一章　总　则

第一条　为加强大中型水利水电工程移民安置验收工作管理,明确验收责任,规范验收行为,维护国家、集体和移民个人的合法权益,促进水利水电工程建设顺利进行，根据《大中型水利水电工程建设征地补偿和移民安置条例》及有关法律、法规，制定本办法。

第二条 大中型水利水电工程移民安置验收（以下简称移民安置验收）工作，适用本办法。

第三条 大中型水利水电工程阶段验收和竣工验收前，应当组织移民安置验收。移民安置未验收或者验收不合格的，不得对大中型水利水电工程进行验收。

第四条 移民安置验收可分为工程阶段性移民安置验收和工程竣工移民安置验收。

工程阶段性移民安置验收是指枢纽工程导（截）流、水库下闸蓄水（含分期蓄水）等阶段的移民安置验收。

第五条 移民安置验收应当自下而上，按照自验、初验、终验的顺序组织进行。

移民安置自验是指承担移民安置任务的县级人民政府对移民安置工作进行的自我检查和验收。移民安置初验是指签订移民安置协议的双方联合对移民安置工作进行的初步检查和验收。移民安置终验是指移民安置验收主持单位对移民安置工作进行的全面检查和验收。

第六条 移民安置验收的依据是：

（一）国家有关法律、法规、规章、政策和标准；

（二）经批准的移民安置规划大纲、工程可行性研究报告和初步设计报告中的移民安置规划，移民安置实施设计文件以及规划设计变更和概算调整批准文件，移民安置年度计划；

（三）项目法人与地方人民政府或者其规定的移民管理机构签订的移民安置协议。

第七条 移民安置验收的内容主要包括农村移民安置、城（集）镇迁建、工矿企业迁建或者处理、专项设施迁建或者复建、防护工程建设、水库库底清理、移民资金使用管理、移民档案管理、水库移民后期扶持政策落实措施、建设用地手续办理等。

第八条 水利部负责全国大中型水利水电工程移民安置验收的管理和监督。省级人民政府或者其规定的移民管理机构负责本行政区域内大中型水利水电工程移民安置验收的管理和监督。

第二章　验收组织

第九条　水利部主持验收的大中型水利水电工程,移民安置验收由水利部会同有关省级人民政府主持。其余大中型水利水电工程,移民安置验收由省级人民政府或者其规定的移民管理机构主持。

第十条　移民安置验收主持单位负责监督指导移民安置自验、初验工作,并组织移民安置终验。与项目法人签订移民安置协议的地方人民政府会同项目法人负责组织移民安置初验。移民区和移民安置区县级人民政府负责组织移民安置自验。

移民安置工作仅涉及一个县级行政区域的,移民安置初验可以与自验合并进行。

第十一条　移民安置验收组织或者主持单位,应当组织成立验收委员会。验收委员会由验收组织或者主持单位、项目主管部门、有关地方人民政府及其移民管理机构和相关部门、项目法人、移民安置规划设计单位、移民安置监督评估单位,以及其他相关单位的代表和有关专家组成。验收委员会主任委员由移民安置验收组织或者主持单位代表担任。

第三章　验收条件

第十二条　工程竣工移民安置验收应当满足以下条件:

(一)征地工作已经完成;

(二)移民已经完成搬迁安置,移民安置区基础设施建设已经完成,农村移民生产安置措施已经落实;

(三)城(集)镇迁建、工矿企业迁建或者处理、专项设施迁建或者复建已经完成并通过主管部门验收;

(四)水库库底清理工作已经完成;

(五)征地补偿和移民安置资金已经按规定兑现完毕;

(六)编制完成移民资金财务决算,资金使用管理情况通过政府审计;

(七)移民资金审计、稽察和阶段性验收提出的主要问题已基本解决;

(八)移民档案的收集、整理和归档工作已经完成,并满足完整、准确和系统性的要求。

第十三条　枢纽工程导(截)流阶段,移民安置验收应当在导(截)流后蕴高水位淹没影响范围内满足以下条件：

（一）移民已经完成搬迁，安置地的生活条件基本具备；

（二）对城（集）镇的影响已经得到妥善处理；

（三）工矿企业搬迁或者处理工作已经完成；

（四）对专项设施的影响已经得到妥善处理；

（五）水库库底清理工作已经完成；

（六）应归档文件材料已经完成阶段性收集、整理工作。

第十四条 水库工程下闸蓄水（含分期蓄水）阶段，移民安置验收应当在相应的蓄水位淹没影响范围内满足以下条件：

（一）移民已经完成搬迁安置；

（二）农村移民生产安置措施基本落实；

（三）城（集）镇迁建工作基本完成；

（四）工矿企业搬迁或者处理工作已经完成；

（五）专项设施迁建或者复建工作基本完成；

（六）库底清理工作已经完成；

（七）应归档文件材料已经完成阶段性收集、整理工作。

第四章 验收程序

第十五条 移民安置验收前，项目法人应当会同与其签订移民安置协议的地方人民政府编制移民安置验收工作计划。移民安置验收工作计划应当对移民安置自验和初验工作做出安排，对移民安置终验工作提出建议。

移民安置验收工作计划应当报移民安置验收主持单位备案。

第十六条 移民区和移民安置区县级人民政府应当按照移民安置验收工作计划，组织开展移民安置自验工作。

移民安置自验通过后，移民区和移民安置区县级人民政府应当在自验通过之日起 30 个工作日内，向移民安置初验组织单位提出初验申请。

第十七条 移民安置初验组织单位在接到初验申请之日起 20 个工作日内，决定是否同意进行移民安置初验。

移民安置初验通过后，移民安置初验组织单位应当在初验通过之日起 30 个工作日内，向移民安置验收主持单位提出移民安置终验申请。

第十八条 移民安置验收主持单位自收到终验申请之日起 20 个工作

日内,决定是否同意进行移民安置终验。

第十九条 验收委员会通过对移民安置工作进行全面检查和验收,形成移民安置验收报告。

移民安置验收报告应当经三分之二以上验收委员会成员同意后通过。验收委员会成员对验收结论持有异议的,应当将保留意见在验收报告上明确记载并签字。

验收中发现的问题,其处理原则由验收委员会协商确定。主任委员对争议问题有裁决权。

第二十条 通过移民安置验收的,移民安置验收组织或者主持单位应当在移民安置验收通过之日起30个工作日内,将移民安置验收报告印送有关单位。

未通过移民安置验收的,移民安置验收组织或者主持单位应当在移民安置验收不予通过之日起20个工作日内,将不予通过验收的理由以及整改意见书面通知验收申请单位。验收申请单位应当及时组织处理有关问题,完成整改,并按照验收程序重新申请验收。

第二十一条 移民安置验收中发现的问题,有关单位应当按照验收报告提出的处理意见按期妥善处理,并及时将处理结果报验收组织单位。

第二十二条 因提交验收资料不真实而导致验收结论有误的,移民安置验收组织单位应当撤销验收报告,对责任单位予以通报批评;造成严重后果的,依照有关法律法规处罚。

第五章 附 则

第二十三条 小型水利水电工程移民安置验收可参照本办法执行。

第二十四条 移民安置验收所需费用在工程概算中列支。

第二十五条 本办法自印发之日起施行。

附录2 移民安置验收有关表格

移民安置验收有关表格见后文所列。

(1)附表2-1为______工程(阶段性、竣工)移民安置验收评定汇总表(自验、初验、终验)。

(2)附表2-2为______工程(阶段性、竣工)移民安置验收______(类别)验收评定表(自验、初验、终验)。

(3)附表2-3为______工程(阶段性、竣工)验收征地移民主要实物表(自验、初验、终验)。

(4)附表2-4为______工程(阶段性、竣工)移民安置验收农村移民安置完成情况统计表(自验、初验、终验)。

(5)附表2-5为______工程(阶段性、竣工)移民安置验收农村移民户安置情况调查表(自验、初验、终验)。

(6)附表2-6为______工程(阶段性、竣工)移民安置验收农村移民安置点情况调查表(自验、初验、终验)。

(7)附表2-7为______工程(阶段性、竣工)移民安置验收农村移民生产安置情况调查表(自验、初验、终验)。

(8)附表2-8为______工程(阶段性、竣工)移民安置验收城(集)镇迁建情况调查表(自验、初验、终验)。

(9)附表2-9为______工程(阶段性、竣工)移民安置验收工矿企业迁建或者处理情况调查表(自验、初验、终验)。

(10)附表2-10为______工程(阶段性、竣工)移民安置验收专项设施迁建或者复建、防护工程建设情况调查表(自验、初验、终验)。

(11)附表2-11为______工程(阶段性、竣工)移民安置验收水库库底清理情况调查表(自验、初验、终验)。

(12)附表2-12为______工程(阶段性、竣工)移民安置验收水库库底清理情况验收调查表(自验、初验、终验)。

(13)附表2-13为______工程(阶段性、竣工)移民安置验收移民资金拨付使用情况统计表(自验、初验、终验)。

(14)附表2-14为______工程(阶段性、竣工)移民安置验收农村移民个人及集体补偿资金兑付情况调查表(自验、初验、终验)。

(15)附表2-15为______工程(阶段性、竣工)移民安置验收移民档案管理验收统计表(自验、初验、终验)。

(16)附表2-16为______工程(阶段性、竣工)移民安置验收移民档案管理验收调查表(自验、初验、终验)。

附表 2-1　______ 工程(阶段性、竣工)移民安置验收评定汇总表(自验、初验、终验)

________省(自治区、直辖市)____市(地、州、盟)____县(市、区、旗)

<table>
<tr><th rowspan="2">序号</th><th rowspan="2">验收类别</th><th rowspan="2">移民安置实施情况</th><th colspan="2">验收评定等级</th><th rowspan="2">综合评定</th></tr>
<tr><th>合格</th><th>不合格</th></tr>
<tr><td>1</td><td>农村移民安置</td><td></td><td></td><td></td><td rowspan="10">合格
或
不合格</td></tr>
<tr><td>2</td><td>城(集)镇迁建</td><td></td><td></td><td></td></tr>
<tr><td>3</td><td>工矿企业迁建或者处理</td><td></td><td></td><td></td></tr>
<tr><td>4</td><td>专项设施迁建或者处理</td><td></td><td></td><td></td></tr>
<tr><td>5</td><td>防护工程建设</td><td></td><td></td><td></td></tr>
<tr><td>6</td><td>水库库底清理</td><td></td><td></td><td></td></tr>
<tr><td>7</td><td>移民资金使用与管理</td><td></td><td></td><td></td></tr>
<tr><td>8</td><td>移民档案管理</td><td></td><td></td><td></td></tr>
<tr><td>9</td><td>水库移民后期扶持政策落实情况</td><td></td><td></td><td></td></tr>
<tr><td>10</td><td>建设用地手续办理</td><td></td><td></td><td></td></tr>
<tr><td colspan="6">存在的主要问题与处理意见：</td></tr>
</table>

验收委员会主任(负责人)：　　　　　　　　验收日期：　年　月　日

附表 2-2　______ 工程（阶段性、竣工）移民安置验收______（类别）
验收评定表（自验、初验、终验）

________省（自治区、直辖市）____市（地、州、盟）____县（市、区、旗）

序号	验收内容与标准	验收具体情况描述	是否达到验收标准	验收评定
				合格或不合格
存在的主要问题及处理意见：				

验收组组长（负责人）：　　　　　验收人：　　　　　　　验收日期：　　年　月　日

注：“验收人”指验收工作组（专家组）全体成员，下同。

附表 2-3 ______工程（阶段性、竣工）验收征地移民主要实物表

（自验、初验、终验）

________省（自治区、直辖市）____市（地、州、盟）____县（市、区、旗）

序号	项目	单位	合计		库区		坝区		说明
			规划	实施	规划	实施	规划	实施	
1	城镇	个							
2	乡镇	个							
	其中：移民村	个							
3	移民	人							
	其中：农村移民	人							
4	房屋面积	m^2							
5	土地面积	亩							
	其中：耕地	亩							
	园地	亩							
	林地	亩							
	牧草地	亩							
	…… 大棚温室	亩							
6	工矿企业	个							
7	专项设施	处							
	其中：等级公路	km							
	电力	km							
	文物古迹	处							

填报单位（盖章）： 填报人： 审核人： 填表日期： 年 月 日

注：1.“坝区”指工程建设区；

2.“库区”指水库淹没影响处理范围内的区域；

3.“土地地类”以项目规划和实施地类为准。

附表 2-4 ______工程(阶段性、竣工)移民安置验收农村移民安置完成情况统计表(自验、初验、终验)

________省(自治区、直辖市)____市(地、州、盟)____县(市、区、旗)

序号	乡镇	村	搬迁安置											
			规划情况						实施情况					
			合计		集中安置		分散安置		合计		集中安置		分散安置	
			户数(户)	人数(人)	户数(户)	人数(人)	户数(户)	人数(人)	户数(户)	人数(人)	户数(户)	人数(人)	户数(户)	人数(人)

序号	乡镇	村	生产安置																说明
			规划情况								实施情况								
			合计		大农业安置		第二、三产业安置		其他		合计		大农业安置		第二、三产业安置		其他		
			户数(户)	人数(人)	户数(户)	人数(人)	户数(户)	人数(人)	户数(户)	人数(人)	户数(户)	人数(人)	户数(户)	人数(人)	户数(户)	人数(人)	户数(户)	人数(人)	

填报单位(盖章):　　　　填报人:　　　　审核人:　　　　填表日期:　　年　　月　　日

注:1."集中安置"指安置点相对集中的安置方式,可分为本村(后靠)安置、本乡镇安置、本县安置等;

2."分散安置"指分散插迁到已有的农村集体经济组织或村民委员会,相对分散,如投亲靠友等。

附表 2-5　______工程(阶段性、竣工)移民安置验收农村移民户安置情况调查表(自验、初验、终验)

________省(自治区、直辖市)____市(地、州、盟)____县(市、区、旗)

序号	户主姓名	人口		迁出地			迁入地	生产用地		宅基地		建房情况		基础设施及公共服务设施情况							个人补偿费		户口迁移情况	验收意见
		调查人口(人)	搬迁人口(人)	乡镇	村	组	省、市、县、乡镇、村、组	规划(亩)	实施(亩)	规划(m^2)	实施(m^2)	面积(m^2)	结构	供排水	供电	道路	通信	电视	就学	医疗	应兑现(元)	已兑现(元)		

验收组组长(负责人):　　　　验收人:　　　　验收日期:　　年　月　日

注:1.“调查人口”指实物调查时的人口,“搬迁人口”指实际搬迁的人口;

2.“基础设施及公共服务设施情况”完成打“√”,未完成打“×”;

3.“验收意见”填写合格或不合格,下同。

附表 2-6　______ 工程(阶段性、竣工)移民安置验收农村移民安置点情况调查表(自验、初验、终验)

________省(自治区、直辖市)____市(地、州、盟)____县(市、区、旗)

乡镇	安置点名称	搬迁安置				安置点占地面积(亩)	房屋建设		基础设施建设				
		规划		实施									
		户数(户)	人数(人)	户数(户)	人数(人)		已建户数(户)	在建户数(户)	供排水(m)	供电(m)	道路(m)	通信(m)	电视(m)

垃圾处理方式	污水处理方式	是否具备就学条件	是否具备就医条件	村级组织是否建立	安置点小学建设			安置点卫生所建设		安置点村委会建设		验收意见
					建设情况	占地面积(亩)	建房面积(m^2)	建设情况	建房面积(m^2)	建设情况	建房面积(m^2)	
					在建			在建				
					待建			待建				
					已建			已建				

验收组组长(负责人):　　　　验收人:　　　　验收日期:　　年　　月　　日

附表 2-7 ______工程(阶段性、竣工)移民安置验收农村移民生产安置情况调查表(自验、初验、终验)

________省(自治区、直辖市)____市(地、州、盟)____县(市、区、旗)

序号	移民新村名称	生产安置人口(人)	规划情况										实施情况											验收意见
			生产用地							项目开发			生产用地							土地证办理情况	项目开发			
			人均耕园地(亩/人)		调整耕园地面积(亩)								人均耕园地(亩/人)		调整耕园地面积(亩)									
			小计	其中:水浇地(水田)	小计	水田	水浇地	旱地	园地等	个数(个)	投资额(万元)	安置人数(人)	小计	其中:水浇地(水田)	小计	水田	水浇地	旱地	园地等		个数(个)	投资额(万元)	安置人数(人)	

验收组组长(负责人): 验收人: 验收日期: 年 月 日

注:1.“移民新村”指接受移民的村组;

2.“土地证办理情况”栏填写“已办证/已签协议/未签协议”;

3.“项目开发”指用于生产安置的第二、三产业项目。

附表 2-8　______工程(阶段性、竣工)移民安置验收城(集)镇迁建情况调查表(自验、初验、终验)

________省(自治区、直辖市)____市(地、州、盟)____县(市、区、旗)____城(镇)

项目	项目		单位	数量		投资(万元)		验收
				规划	实施	规划	实施	意见
1	新址征地		亩					
2	场地平整		m^3					
3	挡土墙		m^2					
4	移民人口		人					
	其中:镇直人口		人					
	农村人口		人					
5	新址占地搬迁人口		人					
6	搬迁单位		个					
7	移民建房	户数	户					
		面积	m^2					
8	单位建房	面积	m^2					
9	街道	主街	km					
		支街	km					
10	供水工程	供水能力	t/d					
		水塔(蓄水池)	m^3/个					
		主供水管道	km					
		支供水管道	km					
11	排水工程	主排水沟	km					
		支排水沟	km					
12	供电设施	10 kV 线路	km					
		380 V 线路	km					
		变压器	kVA/台					
13	学校		m^2/所					
14	医院		m^2/所					
15	对外连接路		km					
16	通信线路		km					
17	广播电视		km					
18	其他							
	合计							

验收组组长(负责人):　　　验收人:　　　　　验收日期:　　年　月　日

附表 2-9　______ 工程（阶段性、竣工）移民安置验收工矿企业迁建或者处理情况调查表（自验、初验、终验）

________省（自治区、直辖市）____市（地、州、盟）____县（市、区、旗）

序号	企业名称	规划情况							实施情况							验收意见
		处理方式				安置职工人数（人）	职工生活用房（m^2）	补偿资金（万元）	处理方式				安置职工人数（人）	职工生活用房（m^2）	补偿资金（万元）	
		迁建	转产	关停	其他				迁建	转产	关停	其他				

验收组组长（负责人）：　　　　验收人：　　　　验收日期：　　年　月　日

附表 2-10　______工程(阶段性、竣工)移民安置验收专项设施迁建或者复建、防护工程建设情况调查表

(自验、初验、终验)

________省(自治区、直辖市)____市(地、州、盟)____县(市、区、旗)

序号	类别	项目名称	建设单位	设计单位	监理单位	施工单位	建设时间：开工	建设时间：竣工	规划：规模：等级	规划：规模：工程量：单位	规划：规模：工程量：数量	规划：工程投资(万元)：总投资	规划：工程投资(万元)：其中：移民补偿投资	实施：规模：等级	实施：规模：工程量：单位	实施：规模：工程量：数量	实施：工程投资(万元)：小计	实施：工程投资(万元)：其中：移民补偿投资	实施：工程投资(万元)：其中：自筹资金	验收主持单位	验收时间	工程质量评价	移交情况	验收意见
一	交通																							
二	输变电(电力)																							
三	电信																							
四	广播电视																							
五	水利设施																							
六	文物古迹																							
七	防护工程																							
八	其他																							

验收组组长(负责人)：　　　　验收人：　　　　验收日期：　　年　　月　　日

附表 2-11　______ 工程(阶段性、竣工)移民安置验收水库库底清理情况调查表
(自验、初验、终验)

________省(自治区、直辖市)____市(地、州、盟)____县(市、区、旗)

序号	类别	单位	工程建设区		库区一期		库区二期		合计		验收意见
			规划	实施	规划	实施	规划	实施	规划	实施	
1	建筑物、构筑物拆除清理										
1.1	建筑物拆除清理										
	房屋	万 m^2									
1.2	构筑物清理										
	仓房、仓库	万 m^2									
	围墙	万 m									
	封填大口井	眼									
	桥	座									
	土石坝	座									
	输电线路	km									
	通信线路	km									
	水泥电线杆	根									
2	文物保护										
3	矿产资源与矿产抢采										

续附表 2-11

________省(自治区、直辖市)____市(地、州、盟)____县(市、区、旗)

序号	类别	单位	工程建设区		库区一期		库区二期		合计		验收意见
			规划	实施	规划	实施	规划	实施	规划	实施	
4	林木砍伐及清理										
5	卫生清理与消毒										
5.1	一般污染源清理										
	农机修理部	个									
	卫生院(所)	个									
	兽医站	个									
	垃圾场	处									
	农药仓库	个									
	化肥仓库	个									
	油库	个									
	屠宰场	个									
	死畜掩埋场	处									
	油坊	个									
	淀粉厂	个									
	公共厕所	m^2									
	个人厕所	个									
	畜圈	个									
	猪圈	个									
	禽舍	个									
	坟墓	穴									

续附表 2-11

________省(自治区、直辖市)____市(地、州、盟)____县(市、区、旗)

序号	类别	单位	工程建设区		库区一期		库区二期		合计		验收意见
			规划	实施	规划	实施	规划	实施	规划	实施	
5.2	传染性污染源清理										
5.2.1	医疗卫生工作区清理										
5.2.2	灭鼠清理										
5.2.3	炭疽病疫源地清理										
	传染性污染草原	万 m^2									
	牲畜圈	个									
6	易漂浮物清理										

填表单位(盖章): 填报人: 审核人: 填表日期: 年 月 日

注:“项目”名称仅供参考,以具体项目规划和实施情况为准。

附表 2-12 ______ 工程(阶段性、竣工)移民安置验收水库库底清理情况验收调查表(自验、初验、终验)

________省(自治区、直辖市)____市(地、州、盟)____县(市、区、旗)

序号	项目名称	验收类型	计划任务			抽查实施情况			抽查项目质量			抽查结论
			工程量		投资(万元)	工程量		投资(万元)	质量达标情况	清理安全情况	清理档案合格情况	
			单位	数量		单位	数量					

验收组组长(负责人):　　　　验收人:　　　　验收日期:　　年　月　日

附表 2-13 ____工程(阶段性、竣工)移民安置验收移民资金拨付使用情况统计表(自验、初验、终验)

____省(自治区、直辖市)____市(地、州、盟)____县(市、区、旗)

序号	年度	计划资金(万元)										拨入资金(万元)										使用资金(万元)										说明
		总投资	农村移民补偿费	城(集)镇迁建补偿费	工矿企业迁建补偿费	专业项目补偿费	防护工程费	库底清理费	其他费用	预备费	有关税费	总投资	农村移民补偿费	城(集)镇迁建补偿费	工矿企业迁建补偿费	专业项目补偿费	防护工程费	库底清理费	其他费用	预备费	有关税费	合计	农村移民补偿费	城(集)镇迁建补偿费	工矿企业迁建补偿费	专业项目补偿费	防护工程费	库底清理费	其他费用	预备费	有关税费	

填报单位(盖章): 填报人: 审核人: 填报日期: 年 月 日

注:"计划资金"指下达计划投资或到位资金,一般随文下达;若无下达计划,则为项目法人与地方政府签订的投资包干协议或批复的移民安置规划。

附表 2-14 ______工程(阶段性、竣工)移民安置验收农村移民个人及集体补偿资金兑付情况调查表

(自验、初验、终验)

________省(自治区、直辖市)____市(地、州、盟)____县(市、区、旗)

序号	乡镇	移民新村名称	个人补偿费(元)														集体补偿费(万元)														
			规划							实际兑付							规划							实际兑付							
			合计	房屋及附属物	农副业设施	农村工商企业	搬迁补助费	过渡期补助费	其他补偿补助费	合计	房屋及附属物	农副业设施	农村工商企业	搬迁补助费	过渡期补助费	其他补偿补助费	合计	房屋及附属物	土地补偿费和安置补助费	小型水利水电设施补偿费	农副业设施	农村工商企业	文教卫设施补偿费	合计	房屋及附属物	土地补偿费和安置补助费	小型水利水电设施补偿费	农副业设施	农村工商企业	文教卫设施补偿费	结余资金

验收组组长(负责人):　　　　验收人:　　　　验收日期:　　年　　月　　日

附表 2-15　______ 工程(阶段性、竣工)移民安置验收移民档案管理验收统计表
(自验、初验、终验)

________省(自治区、直辖市)____市(地、州、盟)____县(市、区、旗)

<table>
<tr><th rowspan="2">序号</th><th rowspan="2" colspan="2">类别</th><th rowspan="2">应归档项目数</th><th rowspan="2">已归档项目数</th><th rowspan="2">归档卷数</th><th colspan="2">档案管理体系</th><th colspan="3">档案基础设施建设</th></tr>
<tr><th>档案制度建立</th><th>配备专职档案人员</th><th>档案库房</th><th>档案装具</th><th>保管配套设施</th></tr>
<tr><td rowspan="3">1</td><td rowspan="3">农村移民安置档案</td><td>移民安置分户档案</td><td></td><td></td><td></td><td></td><td></td><td></td><td></td><td></td></tr>
<tr><td>移民建房及基础设施建设档案</td><td></td><td></td><td></td><td></td><td></td><td></td><td></td><td></td></tr>
<tr><td>村组副业</td><td></td><td></td><td></td><td></td><td></td><td></td><td></td><td></td></tr>
<tr><td rowspan="6">2</td><td rowspan="6">城(集)镇迁建档案</td><td>居民搬迁安置档案</td><td></td><td></td><td></td><td></td><td></td><td></td><td></td><td></td></tr>
<tr><td>占地移民搬迁安置档案</td><td></td><td></td><td></td><td></td><td></td><td></td><td></td><td></td></tr>
<tr><td>单位搬迁档案</td><td></td><td></td><td></td><td></td><td></td><td></td><td></td><td></td></tr>
<tr><td>迁建用地规模控制档案</td><td></td><td></td><td></td><td></td><td></td><td></td><td></td><td></td></tr>
<tr><td>基础设施建设档案</td><td></td><td></td><td></td><td></td><td></td><td></td><td></td><td></td></tr>
<tr><td>房屋复建档案</td><td></td><td></td><td></td><td></td><td></td><td></td><td></td><td></td></tr>
<tr><td>3</td><td colspan="2">工矿企业迁建档案</td><td></td><td></td><td></td><td></td><td></td><td></td><td></td><td></td></tr>
<tr><td>4</td><td colspan="2">专业项目复建档案</td><td></td><td></td><td></td><td></td><td></td><td></td><td></td><td></td></tr>
<tr><td>5</td><td colspan="2">文物保护档案</td><td></td><td></td><td></td><td></td><td></td><td></td><td></td><td></td></tr>
<tr><td rowspan="4">6</td><td rowspan="4">库底清理档案</td><td>卫生清理档案</td><td></td><td></td><td></td><td></td><td></td><td></td><td></td><td></td></tr>
<tr><td>固体废物清理档案</td><td></td><td></td><td></td><td></td><td></td><td></td><td></td><td></td></tr>
<tr><td>建(构)筑物清理档案</td><td></td><td></td><td></td><td></td><td></td><td></td><td></td><td></td></tr>
<tr><td>林木清理及易漂浮物清理档案</td><td></td><td></td><td></td><td></td><td></td><td></td><td></td><td></td></tr>
<tr><td>7</td><td colspan="2">地质灾害防治档案</td><td></td><td></td><td></td><td></td><td></td><td></td><td></td><td></td></tr>
<tr><td rowspan="5">8</td><td rowspan="5">移民综合管理档案</td><td>文书档案</td><td></td><td></td><td></td><td></td><td></td><td></td><td></td><td></td></tr>
<tr><td>会计档案</td><td></td><td></td><td></td><td></td><td></td><td></td><td></td><td></td></tr>
<tr><td>淹没资料留取</td><td></td><td></td><td></td><td></td><td></td><td></td><td></td><td></td></tr>
<tr><td>勘测规划设计</td><td></td><td></td><td></td><td></td><td></td><td></td><td></td><td></td></tr>
<tr><td>其他</td><td></td><td></td><td></td><td></td><td></td><td></td><td></td><td></td></tr>
</table>

填报单位(盖章):　　　　　　　　填表日期:　　年　　月　　日

注:“类别”可结合具体项目实际情况进行细分或调整。

附表 2-16　______ 工程(阶段性、竣工)移民安置验收移民档案管理验收调查表

(自验、初验、终验)

________省(自治区、直辖市)____市(地、州、盟)____县(市、区、旗)

序号	项目名称	类别	档案卷数(卷)	档案质量情况				验收意见
				组卷完整	编目准确	装订合规	内容真实	

验收组组长(负责人):　　　　验收人:　　　　验收日期:　　年　月　日